単元攻略
整数問題
解法のパターン 30

東進ハイスクール・河合塾
松田聡平 ―― 著
Matsuda Sohei

技術評論社

目 次

はじめに ……………………………… 4
本書の使い方 ………………………… 5

例題 …………………………………… 6

§1　整数の性質 …………………… 27
- 例題 1-1　倍数の個数 ……………… 28
- 例題 1-2　整数の性質・約数の個数・最大公約数・記数法 …… 30
- 例題 1-3　素因数分解 ……………… 32

§2　不定方程式 …………………… 35
- 例題 2-1　1次不定方程式 ………… 36
- 例題 2-2　積の形① ………………… 38
- 例題 2-3　積の形② ………………… 40
- Appendix ①　不定方程式 $ax+by=1$ …… 42

§3　評価と絞込み ………………… 43
- 例題 3-1　存在条件 ………………… 44
- 例題 3-2　大小評価 ………………… 46
- 例題 3-3　分数型の整数 …………… 48

§4　倍数と約数 …………………… 51
- 例題 4-1　連続整数の積 …………… 52
- 例題 4-2　倍数の証明 ……………… 54
- 例題 4-3　整式と倍数に関する問題 …… 56

§5　剰余と合同式 ………………… 59
- 例題 5-1　合同式と剰余 …………… 60
- 例題 5-2　剰余類 …………………… 62
- 例題 5-3　平方剰余 ………………… 64
- Appendix ②　ピタゴラス数 ……… 66

§6　整数と論証 …………………… 67
- 例題 6-1　背理法 …………………… 68
- 例題 6-2　素数の存在論証 ………… 70
- 例題 6-3　部屋割り論法 …………… 72

§7　整数と方程式 ………………… 75
- 例題 7-1　方程式の性質 …………… 76
- 例題 7-2　整数解 …………………… 78
- 例題 7-3　有理数解 ………………… 80
- Appendix ③　ペル方程式 $x^2-dy^2=1$ …… 82

§8　整数と数列 …………………… 83
- 例題 8-1#　整数と数学的帰納法 …… 84
- 例題 8-2　数列と実験 ……………… 86
- 例題 8-3#　整数と漸化式 ………… 88

§9　整数と図形 …………………… 91
- 例題 9-1　整数と図形① …………… 92
- 例題 9-2　整数と図形② …………… 94
- 例題 9-3　整数と図形③ …………… 96

§10　整数の有名定理 ……………… 99
- 例題 10-1　オイラー関数 ………… 100
- 例題 10-2　中国剰余定理 ………… 102
- 例題 10-3　フェルマーの小定理 …… 104

発展演習 …………………………… 107
著者プロフィール ………………… 112

はじめに

　本書のタイトル『解法のパターン30』に対して，もしかしたら皆さんの身近の数学教師はこう言うかも知れません．

「**数学はパターンじゃダメなんだよ！パターン覚えさせる参考書なんてダメだ！**」

　実は，松田も昔，教室で同じようなことを言っていたことがありました．もっと言うと，今でも正直そう思ってもいます．では，なぜこういうタイトルにしたのか．その理由となったのは，「**解法の〈型〉を知らないために，非常に損をしている高校生が多すぎる**」という嘆かわしい現実です．また，その現実に対して鈍感な大人が多いことも事実です．

　特に，本書で扱う**整数問題**は，センター試験はもちろんのこと，**東大・京大・一橋大などの最難関大**においては，合否を分ける重要な問題として毎年出題されています．一方，教科書に十分な量の解説があるわけでもなく，整数問題の解法をわかりやすく体系化している参考書も思い当たりません．

　本書『整数問題　解法のパターン30』では，10のカテゴリーをセクションにして，各セクション3問ずつの計30問を例題として掲載しました．汎用性・普遍性・応用性を意識して，良問を厳選しました．また，各例題に「演習」をつけ，解法の習得を確認できるようにしました．さらに巻末には，難関大志望者向けに，難関大の過去問を中心に「発展演習」を10問収録してあります．
（他の『単元攻略』に比べ，問題はややハイレベルな内容になっています．）

　本書を通して学んでほしいことは，最低限の「型（解法知識）」と，その上に成り立つ「運用（思考力）」です．模範解答の理解で終わるのではなく，整数問題を解くときに必要となるような「少し特殊な感覚」を獲得するべく，頑張ってください．

東進ハイスクール・河合塾　数学講師
松田聡平

本書の使い方

例題 ：解法のパターンの典型となるような問題
演習 ：例題の類題となるような入試問題
発展演習：難関大入試問題（§1→[1], §2→[2] … と対応)
\#　　　：数学ⅠA範囲外の内容を扱っています.
　（教育的価値に配慮して，入試問題は改題していることがあります.）

例えば§1ならば，1ページ目（p.27）で，基本事項を確認し，

① 問題のページ（p.6）で **例題 1-1** を解く．〈1問10〜15分〉
↓ （困ったときは解答ページのヒントだけを見てもよい）
② **例題 1-1** （p.28〜29）の解答を見て自己採点する．
↓ そして解答を理解する．
③ 　別解や＊〈注釈・発展事項〉も理解する．
↓
④ **演習 1-1** を解く．〈1問10〜15分〉

　これを繰り返し，**演習 10-3** まで終わったら，
ぜひ **発展演習 1**〜**10** 〈1問20〜25分〉に挑戦してください.

　　　　　◇　　◇　　◇

　全問解き終わった後は， を活用して復習してください．
また，本書を日常的に携帯して，高校・予備校・塾での授業中もぜひ参照し
てみてください．非常に効率よく，多面的に理解が深まるはずです．

§1 整数の性質

例題 1-1 倍数の個数

全体集合 U を $U=\{n \mid n \text{ は } 5<\sqrt{n}<6 \text{ を満たす自然数}\}$ で定め，また，U の部分集合 P, Q, R, S を次のように定める．

$P=\{n \mid n\in U \text{ かつ } n \text{ は 4 の倍数}\}$ $Q=\{n \mid n\in U \text{ かつ } n \text{ は 5 の倍数}\}$
$R=\{n \mid n\in U \text{ かつ } n \text{ は 6 の倍数}\}$ $S=\{n \mid n\in U \text{ かつ } n \text{ は 7 の倍数}\}$

(1) U の要素の個数は $\boxed{アイ}$ 個である．

(2) ⓪〜④のうち，空集合であるものは $\boxed{ウ}$, $\boxed{エ}$ である．
 ⓪ $P\cap R$ ① $P\cap S$ ② $Q\cap R$ ③ $P\cap\overline{Q}$ ④ $R\cap\overline{Q}$

(3) ⓪〜④のうち，部分集合の関係について成り立つものは $\boxed{オ}$, $\boxed{カ}$ である．
 ⓪ $P\cup R\subset\overline{Q}$ ① $S\cap\overline{Q}\subset P$ ② $\overline{Q}\cap\overline{S}\subset\overline{P}$ ③ $\overline{P}\cup\overline{Q}\subset S$
 ④ $\overline{R}\cap\overline{S}\subset\overline{Q}$

(センター試験)

例題 1-2 整数の性質・約数の個数・最大公約数・記数法

Ⅰ $\sqrt{n}$ の整数部分が 50 であるような自然数 n は何個あるか．(立教大)

Ⅱ 216 の正の約数の個数と，正の約数の総和を求めよ． (駒沢大)

Ⅲ 5010 と 1837 の最大公約数を求めよ．

Ⅳ (1) 10 進数 66 を 5 進法で表せ． (2) 8 進数 $53.54_{(8)}$ を 2 進数で表せ．

例題 1-3 素因数分解

Ⅰ $\dfrac{n}{144}$ が1より小さい既約分数となるような自然数 n は全部で何個あるか.

Ⅱ (1) $50!$ を素因数分解したとき,累乗 2^a の指数 a を求めよ.

(2) $_{100}C_{50}$ を素因数分解したとき,累乗 3^b の指数 b を求めよ.

§2 不定方程式

例題 2-1 1次不定方程式

(1) 方程式 $48x+539y=77$ を満たす整数解 (x, y) を求めよ．

(2) 方程式 $7x+19y=2014$ を満たす自然数の組 (x, y) は何組あるか．

例題 2-2 積の形①

Ⅰ (1) $xy+3x-y-3=5$ をみたす自然数の組 (x, y) を求めよ．（広島大）

(2) $3xy+2x+y=0$ をみたす整数の組 (x, y) を求めよ．（東京理科大）

Ⅱ $x\geqq y$ のとき，$\dfrac{1}{x}+\dfrac{1}{y}=\dfrac{1}{3}$ をみたす自然数の組 (x, y) を全て求めよ．

（立教大）

例題 2-3 積の形②

Ⅰ　$\sqrt{n^2+27}$ が整数であるような自然数 n をすべて求めよ．

Ⅱ　m を自然数とする．$P=m^3-4m^2-4m-5$ が素数となるとき，P の値を求めよ．

§3 評価と絞込み

例題 3-1 存在条件

Ⅰ (1) $4x+2y+z=11$ を満たす自然数 (x, y, z) の個数を求めよ．

(2) $x^2+6y^2=360$ を満たす自然数 x, y の値を求めよ． （上智大）

Ⅱ $5x^2+2xy+y^2-4x+4y+7=0$ を満たす整数の組 (x, y) を求めよ．

例題 3-2 大小評価

Ⅰ x, y, z は自然数で，$x<y<z$ とするとき，$\dfrac{1}{x}+\dfrac{1}{y}+\dfrac{1}{z}=1$ を満たす x, y, z の値を求めよ．

Ⅱ $x^2+xy+y^2=12$ を満たす自然数の組 $(x, y)(x \leq y)$ をすべて求めよ．

（駒沢大）

例題 3-3 分数型の整数

Ⅰ $\dfrac{6n^2+11n+38}{3n-2}$ が整数となるような最大の自然数 n を求めよ．

Ⅱ $\dfrac{x^2+3x+9}{x^2-3x+9}$ が整数となるような実数 x を求めよ．

§4 倍数と約数

例題 4-1 連続整数の積

(1) 連続する2つの自然数の積は，2の倍数であることを証明せよ．
(2) 連続する3つの自然数の積は，6の倍数であることを証明せよ．
(3) 連続する4つの自然数の積は，24の倍数であることを証明せよ．

(滋賀大)

例題 4-2 倍数の証明

nを奇数とする．次の問いに答えよ．
(1) n^2-1は8の倍数であることを証明せよ．
(2) n^5-nは3の倍数であることを証明せよ．
(3) n^5-nは120の倍数であることを証明せよ．

(千葉大)

例題 4-3 整式と倍数に関する問題

自然数 a, b, c, d は $c=4a+7b$, $d=3a+4b$ を満たしているものとする．
(1) $c+3d$ が 5 の倍数ならば $2a+b$ も 5 の倍数であることを示せ．
(2) a と b が互いに素で，c と d がどちらも素数 p の倍数ならば，$p=5$ であることを示せ． （千葉大）

§5 剰余と合同式

例題 5-1 合同式と剰余

(1) 2004^{2005} の一の位の数を求めよ．

(2) 7^{100} を 5 で割った余りを求めよ．

(3) n を自然数とする．$11^n - 8^n - 3^n$ は 24 で割り切れることを示せ．

(4) n を自然数とする．$3^{n+1} + 4^{2n-1}$ は 13 で割り切れることを示せ．

例題 5-2 剰余類

I　n を自然数とする．$n^3 + 2n + 1$ を 3 で割ると 1 余ることを証明せよ．

（東京女子大）

II　自然数 n で，$n^3 + 1$ が 3 で割り切れるものをすべて求めよ．（一橋大）

例題 5-3 平方剰余

どの2つも互いに素である自然数 a, b, c について, $a^2+b^2=c^2$ が成り立つとき,
(1) c は奇数であることを示せ.
(2) a と b の一方は 3 の倍数であることを示せ.
(3) a と b の一方は 4 の倍数であることを示せ.

(関西学院大)

§6 整数と論証

例題 6-1 背理法

Ⅰ　$\log_5 3$ は無理数であることを示せ.

Ⅱ　素数は無限に多く存在することを示せ.

Ⅲ　a, b は 2 以上の整数とするとき，$a^b - 1$ が素数ならば，$a = 2$ であり，b は素数であることを証明せよ.

例題 6-2 素数の存在論証

2 以上の自然数 n に対し，n と $n^2 + 2$ がともに素数になるのは $n = 3$ の場合に限ることを示せ. 　　　　　　　　　　　　　　　　　　　（京都大）

例題 6-3 部屋割り論法

Ⅰ 任意の異なる4つの整数から適当に2つの整数を選べば，その差が3の倍数となることを証明せよ． （神戸大）

Ⅱ 1をいくつか連続して並べた整数 111…1 の中には，2013で割りきれるものがあることを証明せよ．

§7 整数と方程式

例題 7-1 方程式の性質

Ⅰ　すべての整数 n に対して，$f(n)$ が整数となるような x の 2 次式 $f(x) = px^2 + qx + r$ があるとき，$2p$ が整数であることを示せ．

Ⅱ　a, b, c, d を整数とする．整式 $f(x) = ax^3 + bx^2 + cx + d$ において，$f(-1)$, $f(0)$, $f(1)$ がいずれも 3 で割り切れないならば，方程式 $f(x) = 0$ は整数の解を持たないことを証明せよ．　　　　　（三重大）

例題 7-2 整数解

100 以下の自然数 m のうち，2 次方程式 $x^2 - x - m = 0$ の 2 つの解がともに整数であるような m は全部で何個あるか．　　　　　（慶応義塾大）

例題 7-3 有理数解

(1) a, b, c を整数とする．x に関する 3 次方程式 $x^3 + ax^2 + bx + c = 0$ が有理数の解をもつならば，その解は整数であることを示せ．

(2) 方程式 $x^3 + 2x^2 + 2 = 0$ は，有理数の解をもたないことを背理法を用いて示せ． (神戸大)

§8 整数と数列

例題 8-1# 整数と数学的帰納法

Ⅰ　すべての自然数 n に対して，$7^n - 2n - 1$ …① が 4 の倍数であることを数学的帰納法によって証明せよ．

Ⅱ　5 以上のすべての自然数 n に対して，$2^n \geqq n^2 + n$ …① が成立することを証明せよ．

例題 8-2 数列と実験

整数 $a_n = 19^n + (-1)^{n-1} 2^{4n-3}$ $(n = 1, 2, 3, \cdots)$ のすべてを割り切る素数を求めよ．

（東京工業大）

例題 8-3# 整数と漸化式

整数からなる数列 $\{a_n\}$ を漸化式
$$\begin{cases} a_1=1, \ a_2=3 \\ a_{n+2}=3a_{n+1}-7a_n \ (n=1,2,\cdots) \end{cases}$$
によって定める.
(1) a_n が偶数となる n を決定せよ.
(2) a_n が 10 の倍数となるための n の条件を求めよ.　　　（東京大）

§9 整数と図形

例題 9-1 整数と図形①

直角を挟む2辺の長さが a, b の直角三角形がある．内接円の半径を r とする．
(1) r を a, b で表せ．
(2) a, b は整数とし，$a<b$，$r=5$ とする．このような a, b の組をすべて求めよ． (一橋大)

例題 9-2 整数と図形②

平面上の凸多角形で，各頂点がすべて格子点のものについて，次のことを証明せよ．
(1) 面積の2倍は整数である．
(2) 内角の正接(tan)は，直角の場合を除いて，有理数である．(一橋大)

例題 9-3 整数と図形③

三角形 ABC の 3 つの内角をそれぞれ A, B, C で表し, $A \leq B \leq C$ とする.

(1) $\tan A$ のとる値の範囲を求めよ.
(2) $\tan C$ を $\tan A$ と $\tan B$ の式で表せ.
(3) $\tan A$, $\tan B$, $\tan C$ がすべて整数のとき, $\tan A$, $\tan B$, $\tan C$ の値を求めよ. （一橋大）

§10 整数の有名定理

例題 10-1 オイラー関数

1からnまでの自然数のうちで，nと互いに素であるものの個数を$\phi(n)$とする．たとえば$\phi(6)=1$，$\phi(10)=4$である．

(1) pを素数，kを自然数とするとき，$\phi(p^k)$を求めよ．

(2) $\phi(100)$を求めよ．

(3) $\phi(1500)$を求めよ． （佐賀大）

例題 10-2 中国剰余定理

nは整数で，$0 \leq n < 105$とする．nを3で割った余りをa，nを5で割った余りをb，nを7で割った余りをcとするとき，nは$70a+21b+15c$を105で割ったあまりに等しいことを証明せよ． （立教大）

例題 10-3 フェルマーの小定理

素数 p と $1 \leq r \leq p-1$ なる整数 r に対して，次の問に答えよ．

(1) 等式 $r \cdot {}_pC_r = p \cdot {}_{p-1}C_{r-1}$ を証明せよ．

(2) ${}_pC_r$ は p の倍数であることを示せ．

(3) 素数 p に対して 2^p を p で割った余りを求めよ． （奈良女子大）

§1 整数の性質

■ 整数と集合

- 共通部分 $A \cap B$
  2つの集合 A, B どちらにも属する要素全体の集合.
- 和集合 $A \cup B$
  2つの集合 A, B の少なくとも1つに属する要素全体の集合.
- 補集合 $\overline{A}$
  集合 A に対して, A に属さない要素全体の集合.
- ド・モルガンの法則
  $\overline{A \cup B} = \overline{A} \cap \overline{B}$　　$\overline{A \cap B} = \overline{A} \cup \overline{B}$

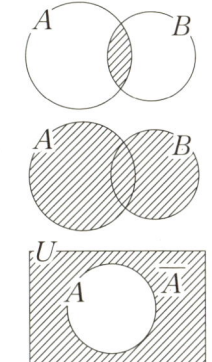

* 特に整数問題では,「○の倍数」などを集合に設定して考える問題が多い.

ex $U = \{n \mid n \text{ は 9 以下の自然数}\}$, $A = \{2, 4, 6, 8\}$, $B = \{1, 3, 4, 6, 9\}$, $C = \{2, 3, 4, 5\}$ のとき, $\overline{B} \cap (A \cup C)$ の要素を求めよ.　→　$\{2, 5, 8\}$

■ 素因数分解

全ての自然数は, 一意に (ただ一通りに) 素因数分解できる.

整数問題において, 具体的な数が出てきたときは, 素因数分解を行うことが有効となる.

ex 4620 を素因数分解せよ.　→　$4620 = 2^2 \cdot 3 \cdot 5 \cdot 7 \cdot 11$

例題 1-1 倍数の個数

全体集合 U を $U=\{n \mid n$ は $5<\sqrt{n}<6$ を満たす自然数$\}$ で定め，また，U の部分集合 P, Q, R, S を次のように定める．

$P=\{n \mid n \in U$ かつ n は 4 の倍数$\}$　　$Q=\{n \mid n \in U$ かつ n は 5 の倍数$\}$
$R=\{n \mid n \in U$ かつ n は 6 の倍数$\}$　　$S=\{n \mid n \in U$ かつ n は 7 の倍数$\}$

(1) U の要素の個数は アイ 個である．

(2) ⓪〜④のうち，空集合であるものは ウ , エ である．
　⓪ $P \cap R$　　① $P \cap S$　　② $Q \cap R$　　③ $P \cap \overline{Q}$　　④ $R \cap \overline{Q}$

(3) ⓪〜④のうち，部分集合の関係について成り立つものは オ , カ である．
　⓪ $P \cup R \subset \overline{Q}$　① $S \cap \overline{Q} \subset P$　② $\overline{Q} \cap \overline{S} \subset \overline{P}$　③ $\overline{P} \cup \overline{Q} \subset \overline{S}$
　④ $\overline{R} \cap \overline{S} \subset \overline{Q}$

(センター試験)

● ヒント　集合の要素数に関する問題　→　できるかぎりベン図を描いて考えよう！

▶解答◀

(1) $5<\sqrt{n}<6$ より　$25<n<36$．n は整数なので，$26 \leq n \leq 35$．
　∴　U の要素の個数は ᵃᶦ10 個．

(2) ベン図を描いて，全要素を書き込んでいくと，右図のようになる．

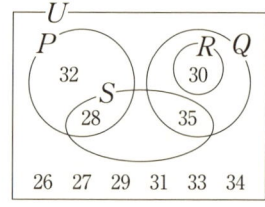

$P \cap R = \phi$, $P \cap S = \{28\}$, $Q \cap R = \{30\}$, $P \cap \overline{Q} = \{28, 32\}$, $R \cap \overline{Q} = \phi$
　∴　ᵘ⓪，ᵉ④　または　ᵘ④，ᵉ⓪

(3) ⓪：$P \cup R = \{28, 30, 32\}$, $\overline{Q}$ は (30, 35 以外) であるから　$P \cup R \subset \overline{Q}$ は成り立たない．

①：$S \cap \overline{Q} = \{28\}$, $P = \{28, 32\}$ であるから，$S \cap \overline{Q} \subset P$ は成り立つ．

②：$\overline{Q}$ は (30, 35 以外)，$\overline{S}$ は (28, 35 以外) より，$\overline{Q} \cap \overline{S}$ は (28, 30, 35 以外)．
また，$\overline{P}$ は (28, 32 以外) であるから，$\overline{Q} \cap \overline{S} \subset \overline{P}$ は成り立たない．

③：ド・モルガンの法則より $\overline{P} \cup \overline{Q} = \overline{P \cap Q}$．$P \cap Q = \phi$ より $\overline{P} \cup \overline{Q} = U$．
$\overline{S}$ は (28, 35 以外) であるから　$\overline{P} \cup \overline{Q} \subset \overline{S}$ は成り立たない．

④：ド・モルガンの法則より $\overline{R} \cup \overline{S} = \overline{R \cup S}$．
$R \cup S = \{28, 30, 35\}$ より $\overline{R} \cap \overline{S}$ は (28, 30, 35 以外)．
$\overline{Q}$ は (30, 35 以外) であるから，$\overline{R} \cap \overline{S} \subset \overline{Q}$ は成り立つ．

　∴　ᵒ①，ᶜ④　または　ᵒ④，ᶜ①

解法のポイント

- 1　集合の問題は，**ベン図**を描いて，要素を書き込んでいくと良い．**整数問題**においても，集合と要素の考え方を意識する．
- 2　一般に，$A \subset B$ であることと $A \cap \overline{B} = \phi$ であることは同値であることから，
  - (3)　⓪：$(P \cup R) \cap Q = \{30\}$
    - ①：$(S \cap \overline{Q}) \cap \overline{P} = \phi$
    - ②：$(\overline{Q} \cap \overline{S}) \cap \overline{P} = \overline{(Q \cup S)} \cap \overline{P} = \{32\}$
    - ③：$(\overline{P} \cup \overline{Q}) \cap \overline{S} = \overline{(P \cup Q)} \cap \overline{S} = \{28, 35\}$
    - ④：$(\overline{R} \cap \overline{S}) \cap \overline{Q} = \overline{(R \cup S)} \cap \overline{Q} = \phi$　と考えてもよい．

- 3　
  〈倍数の判定方法〉
  3 の倍数：各桁の和が 3 の倍数
  4 の倍数：下二桁が 4 の倍数
  6 の倍数：2 の倍数かつ 3 の倍数
  8 の倍数：下三桁が 8 の倍数
  9 の倍数：各桁の和が 9 の倍数
  11 の倍数：各桁を交互に足し引きした値が 11 の倍数

解法のフロー

集合と要素に関する問題　→　ベン図を描いて，要素を書き込んでいく　→　ド・モルガンの法則なども利用する

演習 1-1

1 以上 1000 以下の整数全体の集合を A とする．

(1)　A のうちに，2 の倍数は ア□ 個，3 の倍数は イ□ 個，6 の倍数は ウ□ 個あり，2 の倍数のうちで 3 の倍数とならない数は エ□ 個ある．

(2)　$\sqrt{1000}$ の整数部分は オ□ であるから，A のうちに，平方数（整数の 2 乗となる数）は カ□ 個，立方数（整数の 3 乗となる数）は キ□ 個，また，整数の 6 乗になる数は ク□ 個あり，平方数のうちで立方数ではない数は ケ□ 個ある．

（近畿大）

例題 1-2 整数の性質・約数の個数・最大公約数・記数法

Ⅰ $\sqrt{n}$ の整数部分が 50 であるような自然数 n は何個あるか． (立教大)

Ⅱ 216 の正の約数の個数と，正の約数の総和を求めよ． (駒沢大)

Ⅲ 5010 と 1837 の最大公約数を求めよ．

Ⅳ (1) 10 進数 66 を 5 進法で表せ．(2) 8 進数 $53.54_{(8)}$ を 2 進法で表せ．

● ヒント　Ⅰ　"○○の整数部分が 50" →「$50 \leq ○○ < 51$」と言い換えて考えよう！

　　　　　Ⅱ　**約数の個数** → $p^a q^b r^c \cdots$ と素因数分解して，
　　　　　　　　　　　　$(a+1)(b+1)(c+1)\cdots$ (個) として求めよう！

　　　　　Ⅲ　最大公約数を求める → **ユークリッドの互除法**を利用しよう！

　　　　　Ⅳ　n 進数 → 10 ではなく n で，位が一つ上がることに注意して計算しよう！

―▶解答◀―

Ⅰ　$50 \leq \sqrt{n} < 51$ であるから　辺々 2 乗して，$2500 \leq n < 2601$

これを満たす自然数 n の個数は　$2600 - 2500 + 1 = 101$ (個)

Ⅱ　216 を素因数分解すると　$216 = 2^3 \cdot 3^3$

∴ 正の約数の個数は

$(3+1)(3+1) = 4 \cdot 4 = 16$ (個)

正の約数の総和は

$(1+2+2^2+2^3)(1+3+3^2+3^3) = 15 \cdot 40 = 600$　…①

Ⅲ　$5010 - 1837 \cdot 2 = 1336,\ 1837 - 1336 = 501,\ 1336 - 501 \cdot 2 = 334,$
$501 - 334 = 167,\ 334 - 167 \cdot 2 = 0$

∴ 最大公約数は 167

Ⅳ (1) $66 = 2 \cdot 5^2 + 3 \cdot 5^1 + 1 \cdot 5^0$ ∴ $66_{(10)} = 231_{(5)}$

(2) $53.54_{(8)} = 5 \cdot 8 + 3 \cdot 1 + 5 \cdot \dfrac{1}{8} + 4 \cdot \dfrac{1}{8^2}$

$= (2^2+1) \cdot 2^3 + (2+1) \cdot 1 + (2^2+1) \cdot \dfrac{1}{2^3} + 2^2 \cdot \dfrac{1}{2^6} = 101011.1011_{(2)}$

解法のポイント

● 1　ガウス記号を用いると「$\sqrt{n}$ の整数部分が 50」は，「$[\sqrt{n}]=50$」と表現できる．

一般に，
$$[x]=a \iff a\leq x<a+1 \iff x-1<a\leq x$$
が成立する．（§10 p.99 参照）

● 2　①は $n=p^a q^b r^c \cdots$　約数の総和 S が，
$$S=(1+p^1+p^2+\cdots+p^a)(1+q+q^2\cdots+q^b)(1+r+r^2+\cdots+r^c)\cdots$$
と表されることから考えている．

● 3　自然数 a, b の最大公約数を G, 最小公倍数を L とすると，一般に $a=a'G$, $b=b'G$, $L=a'b'G$ が成立する．

● 4　Ⅲは

> 〈ユークリッドの互除法〉
> a, b：自然数　$(a, b)\cdots a$, b の最大公約数（GCD）　と表すとき，
> $(a, b)=(a-kb, b)$　（k は整数）が成り立つ．

を繰り返し用いている．

解法のフロー

約数，公約数についての問題 ▶ まず，**素因数分解**から考える ▶ **ユークリッドの互除法**なども利用する

演習 1-2

Ⅰ　$9<[\sqrt{n}]<13$ であるような自然数 n は何個あるか．

Ⅱ　12^n の正の約数の個数が 28 個となるような自然数 n を求めよ．（慶応義塾大）

Ⅲ　2190 と 511 の最大公約数 G と最小公倍数 L を求めよ．

Ⅳ　ある正の整数を 3 進法と 5 進法で表すと，どちらも 2 ケタの数で，各位の数の並び方はちょうど逆になるという．この整数を 10 進法で表せ．
（防衛医大）

例題 1-3 素因数分解

Ⅰ $\frac{n}{144}$ が1より小さい既約分数となるような自然数 n は全部で何個あるか.

Ⅱ (1) 50! を素因数分解したとき,累乗 2^a の指数 a を求めよ.

(2) $_{100}C_{50}$ を素因数分解したとき,累乗 3^b の指数 b を求めよ.

● ヒント　Ⅰ 「$\frac{n}{144}$ が既約分数」 → 「**144 と n が公約数もたない**」と考えよう!

Ⅱ 50! を素因数分解 → 10! のときの**素因数 2 の指数**を考えてみて,その考え方を活かそう!

──▶ 解答 ◀──

Ⅰ　$144 = 2^4 \cdot 3^2$ より,$\frac{n}{2^4 \cdot 3^2}$ が1より小さい既約分数となるためには,

$1 \leq n \leq 143$ で,n の素因数が 2, 3 を持たないことが必要.

1〜143 のうち,2 の倍数は 71 個,3 の倍数は 47 個,

6 の倍数は 23 個.　∴　$143 - (71 + 47 - 23) = 48$（個）

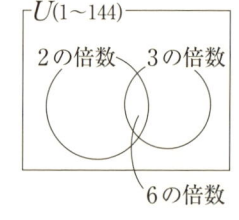

Ⅱ　(1)　1〜50 のうち

2 の倍数は 25 個,$2^2 = 4$ の倍数は 12 個

$2^3 = 8$ の倍数は 6 個,$2^4 = 16$ の倍数は 3 個,$2^5 = 32$ の倍数は 1 個.

50! を素因数分解したとき,素因数 2 の個数は　$25 + 12 + 6 + 3 + 1 = 47$（個）

∴　$a = 47$

(2)　　　　　　　　$_{100}C_{50} = \frac{100!}{(100-50)!\, 50!} = \frac{100!}{50!\, 50!}$

1〜100 のうち

3 の倍数は 33 個,9 の倍数は 11 個,27 の倍数は 3 個,81 の倍数は 1 個.

∴　100! の素因数 3 の個数は　$33 + 11 + 3 + 1 = 48$（個）

1〜50 のうち

3 の倍数は 16 個,$3^2 = 9$ の倍数は 5 個,$3^3 = 27$ の倍数は 1 個

∴　50! の素因数 3 の個数は　$16 + 5 + 1 = 22$（個）

よって $_{100}C_{50}$ を素因数分解したとき,素因数 3 の個数は　$48 - 22 \cdot 2 = 4$（個）

∴　$b = 4$

解法のポイント

- **1** Ⅰは，**オイラー関数**（例題 10-1 参照）を用いても求まる．

- **2** Ⅱ(1)の計算は，ガウス記号を用いて
$$\left[\frac{50}{2}\right]+\left[\frac{50}{2^2}\right]+\cdots+\left[\frac{50}{2^5}\right]=47$$
と考えてもよい．

- **3** 「50! は下1ケタから0が何個並ぶか」という問題ならば，素因数5の指数を計算することで，答えは12個となる．
（明らかに「5の指数」<「2の指数」であるから）

- **4** 一般に，n 以下の素数をすべて求める方法として
「**エラトステネスの篩（ふるい）**」というものがある．
  ① 2からnまで列挙する．
  ② 2以外の2の倍数をすべて消す，3以外の3の倍数をすべて消す，5以外の5の倍数を全て消す，…と繰り返す．
  ③ $\sqrt{n}$ を越えない最大の整数まで確認すれば終了．

解法のフロー

$n!$ の素因数分解における**素数 p の指数 a** ▷ p の倍数の個数 p^2 の倍数の個数… を求めていく ▷ それらの和をとると a が求まる

演習 1-3

Ⅰ　自然数 m, n が $\dfrac{12^m}{2187}=\dfrac{256}{18^n}$ を満たすとき，m, n の値を求めよ．

（愛知工業大）

Ⅱ　(1) x, y, z, a を自然数とするとき，$175x=1323y=5832z=a^2$ を満たす最小の a の値を求めよ．

(2) $\dfrac{m}{175},\ \dfrac{m^2}{1323},\ \dfrac{m^3}{5832}$ がすべて整数となるような自然数 m のうち，最小のものを求めよ．

（東京理科大）

Memo

§2 不定方程式

■ 1次不定方程式

$ax+by=c$ （a, b, c は定数）の形の1次不定方程式は,

① 特殊解 $(x, y) = (\alpha, \beta)$ を求める.
② $a(x-\alpha) = -b(y-\beta)$ の形に変形.
③ a, b を互いに素であることから, $x-\alpha = bk$, $y-\beta = -ak$ （k は整数）.

の手順で考える.

ex $3x-7y=2$ を満たす整数解 (x, y) を求めよ.

→ $3x-7y=2$ を満たす $(x, y) = (3, 1)$ を参考に,
$$3x-7y=2 \quad \Leftrightarrow \quad 3(x-3) = 7(y-1) \quad \cdots ①$$
3, 7 は互いに素なので, $\begin{cases} x-3 = 7k \\ y-1 = 3k \end{cases}$ （k は整数）

∴ $x = 7k+3$, $y = 3k+1$ （k は整数）

■ 2次不定方程式（積の形）

$xy + ax + by + c = 0$ （a, b, c は定数）などの形の2次不定方程式は,

① 「因数分解崩れ」によって $(x+b)(y+a) = \sim$ の形を作る. 〈積の形〉
② 因子同士の大小関係や偶奇などを考える. 〈絞込み〉
③ 素因数を振り分ける. 〈振り分け〉

の手順で考える.

ex $xy - x - 2y - 5 = 0$ を満たす自然数解 (x, y) を求めよ.

→ $xy - x - 2y - 5 = 0 \quad \Leftrightarrow \quad (x-2)(y-1) = 7$ より
$(x-2, y-1) = (1, 7), (7, 1) \quad \therefore \quad (x, y) = (3, 8), (9, 2)$

$x-2$	$y-1$
1	7
7	1

例題 2-1 1次不定方程式

(1) 方程式 $48x + 539y = 77$ を満たす整数解 (x, y) を求めよ.
(2) 方程式 $7x + 19y = 2014$ を満たす自然数の組 (x, y) は何組あるか.

● ヒント　特殊解を求めにくい1次不定方程式
→「**一の位に注目**」あるいは「**ユークリッドの互除法**」を考えよう！

── ▶ 解答 1 ◀ ──

(1) $48x + 539y = 77$　…①

$\Leftrightarrow 48(x + 11y) + 11y = 77 \Leftrightarrow 48x' + 11y = 77$

$x' = 0, y = 7$ は整数解の1つ. このとき, $x = -77$,

①　$\Leftrightarrow 48(x + 77) = -539(y - 7)$

48と539は互いに素であるから, $x = 539k - 77, y = -48k + 7$ （k は整数）

(2) $7x + 19y = 2014$　…②

$x = 0, y = 106$ は, ②の整数解の1つ.

②　$\Leftrightarrow 7x = -19(y - 106)$

7と19は互いに素であるから, $x = 19k, y = -7k + 106$ （k は整数）

y は自然数であるから　$-7k + 106 \geq 1$　∴　$1 \leq k \leq 15$

∴　(x, y) は 15 組

── ▶ 解答 2 ◀ ──

(2) $7x + 19y = 2014$

方程式 $7x + 19y = 2$ について, $x = 3, y = -1$ は整数解の1つ.

$7x + 19y = 2 \Leftrightarrow 7(x - 3) + 19(y + 1) = 0$

両辺に 1007 を掛けて

$7(x - 3021) + 19(y + 1007) = 0 \Leftrightarrow 7(x - 3021) = -19(y + 1007)$

7と19は互いに素であるから, $x - 3021$ は 19 の倍数である.

∴　$x = 19k + 3021, y = -7k - 1007$

x, y はともに自然数であるから

$19k + 3021 \geq 1$　かつ　$-7k - 1007 \geq 1$　$\Leftrightarrow -\dfrac{3020}{19} \leq k \leq -144$

∴　$-158 \leq k \leq -144$　これを満たす整数 k は 15 個

解法のポイント

- 1　係数や右辺の数が大きい1次不定方程式は，▶解答1◀(1)のように文字を置き換えて考えていくことが有効となる．
- 2　特殊解を探索する際は，1の位に注目すると要領よく探せることがある．（演習 2-1 II，別冊4ページ参照）
- 3　一般に

   「a, b が互いに素のとき，

   　　　　$ax+by=1$ をみたす整数 (a, b) は必ず存在する．」

   ということが知られている．〈Appendix ①〉この事実から，

   「a, b, c が整数，a と b が互いに素のとき，

   $ax+by=c$ をみたす整数解 (x, y) は必ず存在する」

   ことがわかる．

- 4　一般に，1次不定方程式 $ax+by=c$ の整数解を求めることは，座標平面において，

   直線 $ax+by=c$ 上の格子点を求めることと同値．

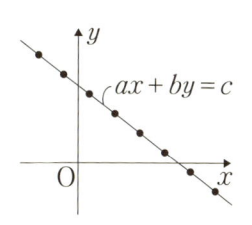

解法のフロー

| 1次不定方程式の整数解 | ▶ | 大きい数のときは式変形を工夫する | ▶ | 特殊解を求めて，一般解を導く |

演習 2-1

Ⅰ　整数 a, b が $2a+3b=42$ を満たすとき，ab の最大値を求めよ．

（早稲田大）

Ⅱ　$25m+17n=1623$ をみたす整数 m, n を求めよ．　　（慶応義塾大）

例題 2-2 積の形①

Ⅰ (1) $xy+3x-y-3=5$ をみたす自然数の組 (x, y) を求めよ.（広島大）
　(2) $3xy+2x+y=0$ をみたす整数の組 (x, y) を求めよ.（東京理科大）
Ⅱ $x \geqq y$ のとき,$\dfrac{1}{x}+\dfrac{1}{y}=\dfrac{1}{3}$ をみたす自然数の組 (x, y) を全て求めよ.
　　　　　　　　　　　　　　　　　　　　　　　　（立教大）

● ヒント　Ⅰ　2次不定方程式 → **因数分解崩れ**を行い,「**積の形**」を作ろう！
　　　　Ⅱ　分母を払って整理すると 2 次不定方程式
　　　　　　　　　　　→「**積の形**」を作って素因数を振り分けよう！

―▶ 解答 1 ◀―

Ⅰ(1)　$xy+3x-y-3=5 \Leftrightarrow (x-1)(y+3)=5$ …①
　　x, y は自然数であるから　$x-1 \geqq 0$, $y+3 \geqq 4$
　　①を満たす整数 $x-1$, $y+3$ の組は

$x-1$	$y+3$
1	5

　　$(x-1, y+3)=(1, 5)$　∴　$(x, y)=(2, 2)$

　(2)　$3xy+2x+y=0$
　　$\Leftrightarrow 3\left(x+\dfrac{1}{3}\right)\left(y+\dfrac{2}{3}\right)=\dfrac{2}{3} \Leftrightarrow (3x+1)(3y+2)=2$ …②

$3x+1$	$3y+2$
1	2
2	1
-1	-2
-2	-1

　　②を満たす整数 $3x+1$, $3y+2$ の組は
　　$(3x+1, 3y+2)=(1, 2)$, $(2, 1)$, $(-1, -2)$, $(-2, -1)$ …③
　　∴　$(x, y)=(0, 0)$, $(-1, -1)$

Ⅱ　$\dfrac{1}{x}+\dfrac{1}{y}=\dfrac{1}{3}$ の両辺に $3xy$ をかけて
　　$3y+3x=xy \Leftrightarrow (x-3)(y-3)=9$ …①
　　$x \geqq y>0$ から $x-3 \geqq y-3>-3$ …②

$x-3$	$y-3$
9	1
3	3

　　①, ②を満たす $x-3$, $y-3$ の組は $(x-3, y-3)=(9, 1)$, $(3, 3)$
　　∴　$(x, y)=(12, 4)$, $(6, 6)$

―▶ 解答 2 ◀―

Ⅰ(1)　$xy+3x-y-3=5$ を x について解くと $x=\dfrac{y+8}{y+3}=1+\dfrac{5}{y+3}$ $(y \neq -3)$.
　　x は自然数であるから,$\dfrac{5}{y+3}$ は 0 以上の整数.∴　$y+3=1$, 5.
　　y は自然数であるから,$(x, y)=(2, 2)$.

38

解法のポイント

- 1　▶**解答2**◀ の解法はⅠ(2), Ⅱでも可能.
- 2　Ⅰ②は, 整数の範囲で「因数分解崩れ」ができるように, 両辺を3倍して係数を調整している.
- 3　Ⅰ(2)③のうち, $(3x+1, 3y+2) = (2, 1), (-1, 2)$ からは整数解 (x, y) を導けないので除外している.
- 4　Ⅱは **例題 3-2** の「**大小評価**」の手法を用いても解ける.
　　x, y, z 3文字についての問題ならばこちらのほうが有効.

　　$x \geqq y$ とすると, $\dfrac{1}{x} \leqq \dfrac{1}{y}$, $\dfrac{1}{3} = \dfrac{1}{x} + \dfrac{1}{y} \leqq \dfrac{1}{y} + \dfrac{1}{y} = \dfrac{2}{y}$　∴ $1 \leqq y \leqq 6$

　　(以下, $y = 4, 5, 6$ で具体的に考える.)
- 5　Ⅱ②では「絞り込み」を行っている.
- 6　$xy + 3x - y - 3 = 5$　⇔　$(x-1)(y+3) = 5$
　　の整数解を求めることは, 座標平面において,
　　双曲線 $(x-1)(y+3) = 5$ 上の格子点を求める
　　ことと同値.

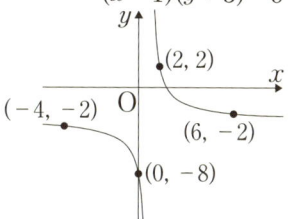

解法のフロー

2次不定方程式の整数解　→　因数分解崩れを行う　→　効率よく「振り分け」を行う.

演習 2-2

Ⅰ(1)　$xy = 4x - y + 28$ を満たす自然数 x, y の組 (x, y) は全部で何組あるか.
（上智大）

(2)　$x^2 - y^2 = 2009$ を満たす自然数 x, y の組をすべて求めよ.（横浜国大）

Ⅱ　$\dfrac{4}{x} + \dfrac{9}{y} = 1$ を満たす自然数の組 (x, y) は何組あるか. また, そのうちで x が最大の組を求めよ.
（上智大）

例題 2-3 積の形②

Ⅰ $\sqrt{n^2+27}$ が整数であるような自然数 n をすべて求めよ．

Ⅱ m を自然数とする．$P = m^3 - 4m^2 - 4m - 5$ が素数となるとき，P の値を求めよ．

● ヒント　Ⅰ　"$\sqrt{n^2+27}$ が整数"

→ $\sqrt{n^2+27} = m$（m は整数）とおいて，考えよう！

Ⅱ　自然数 A, B で，$A \cdot B = p$（素数）

→ $(A, B) = (1, p)$, $(p, 1)$ となることを利用しよう！

── ▶解答 1 ◀ ──

Ⅰ　$\sqrt{n^2+27} = m$（m は自然数）　…①

①の両辺を 2 乗して変形すると

$$m^2 - n^2 = 27 \iff (m+n)(m-n) = 3^3 \quad \cdots ②$$

m, n は $0 < m-n < m+n$ を満たす自然数であるから，　…③

②を満たす整数 $m+n$, $m-n$ の組は，

$(m+n, m-n) = (3^3, 1), (3^2, 3)$

∴　$(m, n) = (14, 13), (6, 3)$

$m+n$	$m-n$
3^3	1
3^2	3

よって，$n = 3$, 13

Ⅱ　$P = m^3 - 4m^2 - 4m - 5 = (m-5)(m^2+m+1)$　…①

m が自然数であることから，$m-5$, m^2+m+1 も整数であり

$m-5$	m^2+m+1
1	P

$$m-5 \geq -4, \quad m^2+m+1 \geq 3 \quad \cdots ②$$

∴　P が素数であるとき，①より　$m-5 = 1$, $m^2+m+1 = P$

これを解くと　$m = 6$, $P = 43$

逆にこのとき，P はたしかに素数となる．　…③　∴　$P = 43$

── ▶解答 2 ◀ ──

Ⅰ　平方数を考えていくと，

1, 4, 9, 16, 25, 36, 49, 64, 81, 100, 121, 144, 169, 196, 225…

隣接する平方数の差は単調増加する．この中から当てはまる数を考えると，$n = 3$, 13 となる．

解法のポイント

- **1** ▶解答2◀ は，隣接する平方数の差が徐々に大きくなるという事実をふまえれば，
$$15^2 - 14^2 = 225 - 196 = 29 > 27$$
より，n は少なくとも 13 以下であると考えている．

- **2** Ⅱ① では因数定理を用いて，$m=5$ という解を求めて因数分解している．

- **3** Ⅰ③，Ⅱ② では，「振り分け」の前に「絞込み」を行っている．

- **4** Ⅱの解答は「一般に素数 P は，それ以上素因数分解できない」という事実を用いている．

- **5** Ⅱ③ では，必要条件から求めた $m=6$ という値の，**十分性を確認**している．

- **6** $m^2 - n^2 = 27$ の整数解を求めることは，座標平面において，**双曲線** $m^2 - n^2 = 27$ **上の格子点**を求めることと同値．

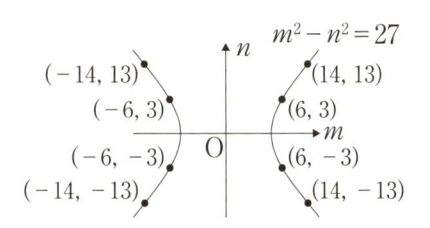

解法のフロー

2次不定方程式の整数解 → 条件から「積の形」の形を作る → 大小などで絞込んでから「振り分け」

演習 2-3

Ⅰ 2つの自然数 n, k の間に関係 $n^2 = k^2 + 25$ があるとき，n の値を求めよ．

(早稲田大)

Ⅱ n が自然数であるとき，$2^n - 1$ が素数ならば n も素数であることを証明せよ．

Appendix ①　不定方程式 $ax+by=1$

不定方程式 $ax+by=1$ について以下のことが知られている．また，この事実から，$ax+by=n$（a, b 互いに素，n は整数）が必ず整数解をもつことがいえる．

> a, b が互いに素な整数のとき，不定方程式 $ax+by=1$ は，整数解 (x, y) を必ずもつ．

(証明)

$0 \leq k \leq b-1$ なる整数 k を考え，
$$ak \equiv r(k) \pmod{b}, \quad (0 \leq r(k) \leq b-1)$$
とする．

まず，$r(0) \sim r(b-1)$ がすべて異なることを背理法で示す．

仮に，$0 \leq k_1 \leq b-1$, $0 \leq k_2 \leq b-1$, $k_1 \neq k_2$ で，$r(k_1)=r(k_2)$ となることがあるとすると，
$$ak_1 - ak_2 = a(k_1-k_2) \equiv 0 \pmod{b}$$
となるが，a, b：互いに素，$0 \leq k \leq b-1$ より不適．

よって，$k_1 \neq k_2$ ならば，$r(k_1) \neq r(k_2)$

すなわち，$r(0) \sim r(b-1)$ はすべて異なり，
$$\{r(0), r(1), r(2), \cdots, r(b-1)\} = \{0, 1, 2, \cdots, b-1\} \text{（集合として一致）}$$
が成り立つ．

よって，$r(0) \sim r(b-1)$ の中には，$r(n)=1$ なる n が存在する．このとき，
$$an = bm+1 \quad (m \text{ は整数})$$
が成り立つ．この式を変形すると，
$$an - bm = 1$$
となるので，
$$(x, y) = (n, -m)$$
は，$ax+by=1$ の整数解の1つとなる．

よって，a, b が互いに素な整数のとき，不定方程式 $ax+by=1$ は，整数解 (x, y) を必ずもつ．■

§3 評価と絞込み

■ 2次不定方程式（存在条件）

2次不定方程式で，積の形（§2）にもちこめないものは，

① 一方の文字で整理する．
② その文字の存在条件（実数条件）で絞り込む．
③ 導かれる他方の文字の範囲から考える．

の手順で考える．

* 特に，(実数)$^2 \geqq 0$ なる条件から整数を絞り込めることにも注意．

ex $x^2 - 2xy + 2y^2 - 2x - y + 3 = 0$ を満たす自然数の組 (x, y) を求めよ．

→ x についての方程式とみて，$x^2 - 2(y+1)x + 2y^2 - y + 3 = 0$

判別式 $D = -y^2 + 3y - 2 \geqq 0 \Leftrightarrow (y-1)(y-2) \leqq 0 \Leftrightarrow 1 \leqq y \leqq 2$

$\therefore (x, y) = (2, 1), (3, 2)$

ex $x^2 + y^2 = 41$ を満たす自然数 x, y の組をすべて求めよ．

→ 自然数の平方数は，1, 4, 9, 16, 25, 36 …．

x^2, y^2 に当てはまるものを考えて，$(x^2, y^2) = (16, 25), (25, 16)$

$\therefore (x, y) = (4, 5), (5, 4)$

■ 大小評価

文字同士の大小関係があるときは，与条件の文字に関して，その大小関係が使えるように「すり替え」をおこなって，整数であることの条件から，解を絞り込む方法が有効となる．

ex $x < y$, $\dfrac{1}{x} + \dfrac{2}{y} = 1$ を満たす自然数の組 (x, y) を求めよ．

→ $x < y \Leftrightarrow \dfrac{1}{x} > \dfrac{1}{y}$ $1 = \dfrac{1}{x} + \dfrac{2}{y} < \dfrac{1}{x} + \dfrac{2}{x} = \dfrac{3}{x}$ $\therefore x = 1, 2$

$x = 1$ のとき，自然数 y は存在しない．$x = 2$ のとき，$y = 4$

$\therefore (x, y) = (2, 4)$

例題 3-1 存在条件

Ⅰ (1)　$4x+2y+z=11$ を満たす自然数 (x, y, z) の個数を求めよ．
　(2)　$x^2+6y^2=360$ を満たす自然数 x, y の値を求めよ．　　　（上智大）
Ⅱ　$5x^2+2xy+y^2-4x+4y+7=0$ を満たす整数の組 (x, y) を求めよ．

● ヒント　Ⅰ　複数の文字の方程式　→　**正負や大小から絞り込もう！**

　　　　　Ⅱ　整数 x, y の方程式　→　一方の文字に注目し，「整数⇒実数」
　　　　　　　　　　　　　　　　　　　より**実数条件**を考えて絞り込もう！

──▶ 解答 ◀──

Ⅰ (1)　y, z は自然数であるから，$y \geq 1, z \geq 1$ で，与式から
　　　　　$4x = 11 - 2y - z \leq 11 - 2 - 1 = 8$　　よって　$x \leq 2$　∴　$x = 1, 2$

　（ⅰ）　$x=1$ のとき　$4+2y+z=11$　⇔　$2y+z=7$　…①
　　　　　∴　$2y = 7-z \leq 7-1 = 6$　　よって　$y \leq 3$
　　　　　y は自然数であるから　$y = 1, 2, 3$
　　　　　①から $(y, z) = (1, 5), (2, 3), (3, 1)$

　（ⅱ）　$x=2$ のとき　$8+2y+z=11$　⇔　$2y+z=3$　…②
　　　　　∴　$2y = 3-z \leq 3-1 = 2$　　よって　$y \leq 1$
　　　　　y は自然数であるから　$y=1$　②から $(y, z) = (1, 5), (2, 3), (3, 1)$

　（ⅰ）（ⅱ）から (x, y, z) は 6 組．

(2)　$x^2 = 6(60-y^2)$　…①より x^2 は 6 の倍数であるから x も 6 の倍数．
　　　よって $x = 6k$（k は自然数）と表される．
　　　　　　①　⇔　$36k^2 + 6y^2 = 360$　⇔　$6k^2 + y^2 = 60$
　　　$y^2 \geq 0$，k^2 は平方数なので，$k^2 = 1, 4, 9$ が候補．
　　　このうち自然数 y が存在するのは，$k^2 = 4$　⇔　$k=2$ のとき．
　　　　　　　　　　　　　　　　　　　　　　　　　∴　$x=12, y=6$

Ⅱ　y について整理すると，
　　　　　$y^2 + 2(x+2)y + 5x^2 - 4x + 7 = 0$　…①
　　判別式　$D_y = (x+2)^2 - (5x^2 - 4x + 7) = -4x^2 + 8x - 3 \geq 0$
　　　　　　　⇔　$(2x-1)(2x-3) \leq 0$
　　∴　$\dfrac{1}{2} \leq x \leq \dfrac{3}{2}$　x は整数なので，$x=1$ であることが必要．

$x=1$ のとき，① $\Leftrightarrow$ $y^2+6y+8=0$ $\Leftrightarrow$ $(y+2)(y+4)=0$ $\therefore$ $y=-2, -4$
$\therefore$ $(x, y)=(1, -2), (1, -4)$

解法のポイント

- 1　I (2)①は，式の形から思いつけるようにしておく．
- 2　②を y ではなく x について整理して考えると，
$5x^2+2(y-2)x+y^2+4y+7=0$, $D_x/4=-4y^2-24y-31\geqq 0$
$\Leftrightarrow -3-\dfrac{\sqrt{5}}{2}\leqq y\leqq -3+\dfrac{\sqrt{5}}{2}$
となることから，$y=-4, -3, -2$ と絞り込んで考えてもよい． 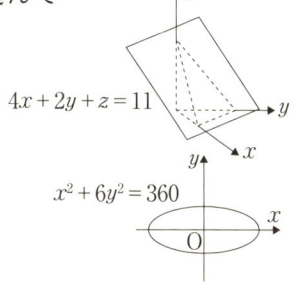
- 3　I (1)　$4x+2y+z=11$ の整数解を求めることは，座標空間において，**平面 $4x+2y+z=11$ 上の格子点**を求めることと同値．

 I (2)　$x^2+6y^2=360$ の整数解を求めることは，座標平面において，**楕円 $x^2+6y^2=360$ 上の格子点**を求めることと同値．

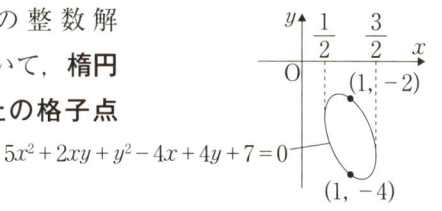

 II　$5x^2+2xy+y^2-4x+4y+7=0$ の整数解を求めることは，座標平面において，**楕円 $5x^2+2xy+y^2-4x+4y+7=0$ 上の格子点**を求めることと同値．

解法のフロー

2次不定方程式の整数解 ▷ 文字の存在条件から絞込む ▷ 候補から解を定める

演習 3-1

I (1)　$x+2y+3z=10$ を満たす自然数の組 (x, y, z) の個数を求めよ．

(2)　$3x^2+y^2+5z^2-2yz-12=0$ を満たす0以上の整数の組 (x, y, z) をすべて求めよ． (愛媛大)

II　$x^2+2y^2+2z^2-2xy-2xz+2yz-5=0$ を満たす自然数の組 (x, y) を求めよ． (京都大)

例題 3-2 大小評価

Ⅰ x, y, z は自然数で，$x<y<z$ とするとき，$\dfrac{1}{x}+\dfrac{1}{y}+\dfrac{1}{z}=1$ を満たす x, y, z の値を求めよ．

Ⅱ $x^2+xy+y^2=12$ を満たす自然数の組 (x, y) $(x \leq y)$ をすべて求めよ．

(駒沢大)

● ヒント　整数の大小に関する条件　→　「すり替え」を行うことで，絞り込もう！

▶解答1◀

Ⅰ $\dfrac{1}{z}<\dfrac{1}{y}<\dfrac{1}{x}$ から $\dfrac{1}{x}+\dfrac{1}{y}+\dfrac{1}{z}<\dfrac{3}{x}$ …① $\therefore\ 1<\dfrac{3}{x} \Leftrightarrow x<3$

(ⅰ) $x=1$ のとき

$\dfrac{1}{y}+\dfrac{1}{z}=0$ となり，これを満たす自然数 y, z は存在しない．

(ⅱ) $x=2$ のとき

$\dfrac{1}{y}+\dfrac{1}{z}=\dfrac{1}{2}$ となる．また $\dfrac{1}{y}+\dfrac{1}{z}<\dfrac{2}{y}$ $\therefore\ \dfrac{1}{2}<\dfrac{2}{y} \Leftrightarrow y<4$

よって $y=3$

また $\dfrac{1}{z}=\dfrac{1}{2}-\dfrac{1}{y}=\dfrac{1}{2}-\dfrac{1}{3}=\dfrac{1}{6}$ よって $z=6$ これは $y<z$ を満たす．

$\therefore\ x=2,\ y=3,\ z=6$

Ⅱ $x \leq y$ より，$3x^2 \leq x^2+xy+y^2=12$ $\therefore\ x^2 \leq 4$

x は自然数であるから $x=1, 2$

(ⅰ) $x=1$ のとき $1+y+y^2=12 \Leftrightarrow y(y+1)=11$

左辺は偶数であるから，これを満たす自然数 y は存在しない．

(ⅱ) $x=2$ のとき $4+2y+y^2=12 \Leftrightarrow (y+4)(y-2)=0$

y は自然数であるから $y=2$

(ⅰ)(ⅱ)から，$x \geq y$ のときも含めて，求める自然数の組 (x, y) は，$(2, 2)$ だけ．

▶解答2◀

Ⅱ $x^2+xy+y^2=12 \Leftrightarrow x^2+yx+y^2-12=0$

$D_x=y^2-4(y^2-12)=48-3y^2 \geq 0 \Leftrightarrow y^2 \leq 16$

$\therefore\ y=1, 2, 3, 4$ (以下，具体的に考えていく)

解法のポイント

● 1 ①では，$\dfrac{1}{y} \to \dfrac{1}{x}$, $\dfrac{1}{z} \to \dfrac{1}{x}$ と「**すり替え**」ることで絞り込んでいる．$\dfrac{1}{x} \to \dfrac{1}{z}$, $\dfrac{1}{y} \to \dfrac{1}{z}$, $\dfrac{1}{x} \to \dfrac{1}{z}$ とすり替えてしまうと，$\dfrac{3}{z} < 1$ となり，十分に絞り込めない．

● 2 ▶解答 2◀ は 例題 3-1 の手法を用いている．

● 3 $\dfrac{1}{x} + \dfrac{1}{y} + \dfrac{1}{z} = 1$ のような**対称性**をもつ式で，Ⅰのように「$x<y<z$」が与えられていない場合も，**大小関係を設定**して整数の組を求めてから考えるとよい．

● 4 Ⅱ $x^2 + xy + y^2 = 12$ の整数解を求めることは，座標平面において，**楕円** $x^2 + xy + y^2 = 12$ **上の格子点**を求めることと同値．

解法のフロー

大小関係が与えられる問題 ▶ 「すり替え」を行って絞り込む ▶ 絞り込んだ結果から具体的に解を求める

演習 3-2

Ⅰ $x \geqq y \geqq z \geqq 3$ かつ $\dfrac{1}{x} + \dfrac{1}{y} + \dfrac{1}{z} \geqq \dfrac{5}{6}$ を満たす自然数 x, y, z の値を求めよ． （琉球大）

Ⅱ $0 < x \leqq y \leqq z$ である整数 x, y, z について，$xyz = x + y + z$ を満たす整数 x, y, z をすべて求めよ． （同志社大）

例題 3-3 分数型の整数

Ⅰ　$\dfrac{6n^2+11n+38}{3n-2}$ が整数となるような最大の自然数 n を求めよ．

Ⅱ　$\dfrac{x^2+3x+9}{x^2-3x+9}$ が整数となるような実数 x を求めよ．

● ヒント　分数形で表される整数

→ 「約数の条件」「存在条件」などから考えよう！

―▶ 解答 ◀―

Ⅰ　$\dfrac{6n^2+11n+38}{3n-2} = \dfrac{(3n-2)(2n+5)+48}{3n-2} = 2n+5+\dfrac{48}{3n-2}$　…①

$\dfrac{48}{3n-2}$ が整数のとき，$3n-2$ が 48 の約数．

$3n-2 \geqq 1$ より，$3n-2 = 48, 24, 16, 12, 8, 6, 4, 3, 2, 1$

$\therefore\ n = \dfrac{50}{3},\ \dfrac{26}{3},\ 6,\ \dfrac{14}{3},\ \dfrac{10}{3},\ \dfrac{8}{3},\ 2,\ \dfrac{5}{3},\ \dfrac{4}{3},\ 1$

よって，①が整数となる最大の自然数 n は　$n=6$

Ⅱ　$\dfrac{x^2+3x+9}{x^2-3x+9} = 1 + \dfrac{6x}{x^2-3x+9}$　…①

$\dfrac{6x}{x^2-3x+9} = n$（n は整数）とすると

$6x = nx^2 - 3nx + 9n$　⇔　$nx^2 - (3n+6)x + 9n = 0$　…②

（ⅰ）$n=0$ のとき $-6x=0$ より，$x=0$

（ⅱ）$n \neq 0$ のとき

$D = (3n+6)^2 - 36n^2 = -27n^2 + 36n + 36 \geqq 0$

⇔　$-\dfrac{2}{3} \leqq n \leqq 2$　…③

$n=1$ のとき，

②　⇔　$x^2 - 9x + 9 = 0$　⇔　$x = \dfrac{9 \pm 3\sqrt{5}}{2}$

$n=2$ のとき，

②　⇔　$2x^2 - 12x + 18 = 0$　⇔　$x = 3$

（ⅰ）（ⅱ）より，$x = 0,\ \dfrac{9 \pm 3\sqrt{5}}{2},\ 3$

解法のポイント

● 1　整数が分数型で表現されるときは，まずⅠ①，Ⅱ①のように**帯分数に直す**ことから考える．

● 2　Ⅱに関しては，$\dfrac{6x}{x^2-3x+9}$ の形から，Ⅰのように約数の条件から絞り込むことができない．
　　仮に，Ⅱで「整数 x」という問題ならば，$x=0$, $\dfrac{9\pm3\sqrt{5}}{2}$, 3 のうち，整数である $x=0$, 3 だけが解となる．

● 3　Ⅱ②は，例題 3-1 のように「x の実数条件」から，n に関する必要条件を考えている．

● 4　Ⅱ①　$y=\dfrac{6x}{x^2-3x+9}$ のグラフを考えると，右図のようになるので，$\dfrac{6x}{x^2-3x+9}$ のとりうる整数値は 0, 1, 2 と絞り込むことができる．

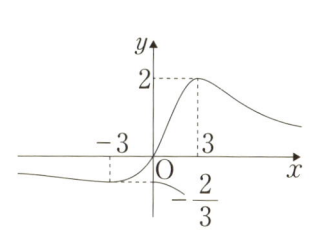

解法のフロー

分数型で表される整数 ▷ まず，**帯分数の形**に変形する ▷ 「**約数の条件**」「**存在条件**」を考える

演習 3-3

Ⅰ　a と b を自然数とする．任意の自然数 n に対して，$\dfrac{n^3+an-2}{n^2+bn+2}$ の値が整数となるように，a, b の値を定めよ．　　　　（高知大）

Ⅱ　$\dfrac{4x}{x^2+2x+2}$ が整数となるような整数 x を求めよ．　　　　（東北学院大）

Memo

§4 倍数と約数

■ 倍数と約数

倍数や約数についての問題は，

「素因数分解」「積の形」「連続整数の積」「剰余類（合同式）」

などから考える．

ex 自然数 n に対して，n と $n+1$ が互いに素であることを示せ．

→ n と $n+1$ が互いに素でないとすると，

$n = pa$，$n+1 = pb$ （p, a, b は自然数，$p \neq 1$) とおける．

$pa + 1 = pb \iff p(b-a) = 1$

これは不合理となるので，n と $n+1$ は互いに素．■

■ 連続整数の積

連続2整数の積 $n(n+1)$ は，n, $n+1$ のいずれかは必ず偶数となるので，$n(n+1)$ は必ず偶数である．

また，連続3整数の積 $n(n+1)(n+2)$ は，6の倍数である．

(証明は 例題 **4-1**)

さらに一般に，連続する m コの整数の積は $m!$ の倍数となる．

(証明は 例題 **4-1** ● 2)

ex 自然数 n に対して，$n^3 - n$ は6の倍数であることを示せ．

→ $n^3 - n = n(n-1)(n+1) = (n-1)n(n+1)$

これは連続3整数の積であるから6の倍数．■

例題 4-1 連続整数の積

(1) 連続する2つの自然数の積は，2の倍数であることを証明せよ．
(2) 連続する3つの自然数の積は，6の倍数であることを証明せよ．
(3) 連続する4つの自然数の積は，24の倍数であることを証明せよ．

（滋賀大）

● ヒント　連続整数の積の証明　→　**素因数**の存在に注意して考えよう！

解答1

(1) 連続する2つの自然数のうちいずれかは必ず偶数．

∴ 連続する2つの自然数の積は必ず偶数．■

(2) 連続する3つの自然数のうち1つは3の倍数．
また，連続する3つの自然数のうち少なくとも1つは偶数．

∴ 連続する3つの自然数の積は必ず6の倍数．■

(3) 連続する4つの自然数を n, $n+1$, $n+2$, $n+3$（nは自然数）とおく．
これら4つの数には連続する3つの自然数が含まれ，そのうち1つは3の倍数．　…①
また，これら4つの数のうち1つは4の倍数．
nが4の倍数のとき$n+2$は偶数，$n+1$が4の倍数のとき$n+3$は偶数，$n+2$が4の倍数のときnは偶数，$n+3$が4の倍数のとき$n+1$は偶数．
よって，それら4数の積は8の倍数．　…②
①②より　連続する4つの自然数の積は必ず24の倍数．■

解答2

(3) 4以上の自然数 n について，

$$_nC_4 = \frac{n!}{4!(n-4)!} = \frac{n(n-1)(n-2)(n-3)}{4\cdot 3\cdot 2} \quad \cdots ①$$

一方，$_nC_4$ は「異なるn個から，4個選ぶ場合の数」であるから整数．
よって，①は整数であるから，$n(n-1)(n-2)(n-3) = 24N$（Nは整数）

∴ 連続する4つの自然数の積は24の倍数．■

解法のポイント

1 (2)特に n が偶数のときは，$n(n+1)(n+2)$ は素因数 2 は 3 つ含むので，24 の倍数となる．

2 ▶**解答 2**◀ の証明法は (1)(2) でも用いることができる．
この証明法により

「m コの連続する整数の積は $m!$ の倍数となる」

も示すことができる．

(証明) $\displaystyle {}_n C_m = \frac{n!}{m!(n-m)!} = \frac{n(n-1)\cdots(n-m+1)}{m!}$.
ここで，${}_n C_m$ は整数であり，分子の $n(n-1)\cdots(n-m+1)$ は連続する m コの整数の積であるから，一般に，連続する m コの整数の積は $m!$ の倍数となる．

解法のフロー

連続する n コの自然数の積 ▷ $n=2 \rightarrow$ 偶数 / $n=3 \rightarrow$ 6 の倍数 / $n=4 \rightarrow$ 24 の倍数 ▷ 連続整数の積を作るような式変形も意識

演習 4-1

(1) 整数 n に対して，$2n^3 - 3n^2 + n$ が 6 の倍数であることを示せ．
(2) 整数 m, n に対して，$m^3 n - mn^3$ が 6 の倍数であることを示せ．

例題 4-2 倍数の証明

n を奇数とする．次の問いに答えよ．
(1) n^2-1 は 8 の倍数であることを証明せよ．
(2) n^5-n は 3 の倍数であることを証明せよ．
(3) n^5-n は 120 の倍数であることを証明せよ． （千葉大）

● ヒント　倍数の証明　→　**積の形**を作ろう！（あるいは**合同式**を使おう！）

── ▶ 解答 1 ◀ ──

(1) n は奇数であるから，$n=2m+1$（m は整数）と表される．
$\therefore \quad n^2-1 = (2m+1)^2 - 1 = 4m^2 + 4m = 4m(m+1)$

$m(m+1)$ は連続 2 整数の積であるから偶数．$\therefore \quad n^2-1$ は 8 の倍数．■

(2) $n^5 - n = n(n^4 - 1) = n(n^2-1)(n^2+1)$ …①
$\qquad\qquad = (n-1)n(n+1)(n^2+1)$

$(n-1)n(n+1)$ は連続 3 整数の積であるから，6 の倍数．

$\hfill \therefore \quad n^5 - n \text{ は 3 の倍数．■}$

(3) (1)と①より $n^5 - n$ は 8 の倍数．これと(2)から，$n^5 - n$ は 24 の倍数．
$n^5 - n$ が 120 の倍数であることを示すには，さらに 5 の倍数であることを示せばよい．

$n^5 - n = (n-1)n(n+1)(n^2+1) = (n-1)n(n+1)\{(n^2-4) + 5\}$
$\qquad\quad = (n-2)(n-1)n(n+1)(n+2) + 5(n-1)n(n+1)$

ここで，$n-2$，$n-1$，n，$n+1$，$n+2$ は連続する 5 整数であるから，どれか 1 つは 5 の倍数である．よって，$n^5 - n$ は 5 の倍数である．

$\therefore \quad n^5 - n$ は 120 の倍数．■

── ▶ 解答 2 ◀ ──

(3) 5 を法とする剰余類（mod 5）で考える．
$$n^5 - n = (n-1)n(n+1)(n^2+1)$$

（ⅰ）$n \equiv 0$ のとき $(n-1)n(n+1)(n^2+1) \equiv 0$

（ⅱ）$n \equiv \pm 1$ のとき
$(n-1)n(n+1)(n^2+1)$ において，$(n-1) \equiv 0$ あるいは $(n+1) \equiv 0$

(ⅲ) $n \equiv \pm 2$ のとき $(n-1)n(n+1)(n^2+1)$ において,$(n^2+1) \equiv 0$

∴ n^5-n は5の倍数.（以下 ▶解答1◀ と同様）

解法のポイント

● 1 (2)では,「6の倍数⇒3の倍数」であることを用いている.

● 2 ▶解答2◀ は §5 参照.

● 3 ①において n が奇数のとき n^2+1 が偶数であるから,$(n-1)n(n+1)(n^2+1)$ は16の倍数.これに「3, 5の倍数」であることを加えることで,n^5-n は240の倍数とまで示すことができる.

解法のフロー

倍数の証明 ▷ 因数分解を基本に連続整数の積を作る ▷ さらに,剰余類を考え合わせても良い

演習 4-2

任意の整数 n に対し,n^5-n^3 は24で割り切れることを示せ. （京都大）

例題 4-3 整式と倍数に関する問題

自然数 a, b, c, d は $c=4a+7b$, $d=3a+4b$ を満たしているものとする.
(1) $c+3d$ が 5 の倍数ならば $2a+b$ も 5 の倍数であることを示せ.
(2) a と b が互いに素で, c と d がどちらも素数 p の倍数ならば, $p=5$ であることを示せ. （千葉大）

● ヒント　素因数に関する問題　→　**素因数を文字で置いて考えよう！**

── ▶解答 1 ◀ ──

(1) $c+3d=5N$（N は整数）$\Leftrightarrow$ $c=5N-3d$ …①

$$\begin{cases} c=4a+7b \\ d=3a+4b \end{cases} \text{より,} \quad \begin{cases} a=\dfrac{1}{5}(7d-4c) \\ b=\dfrac{1}{5}(3c-4d) \end{cases} \cdots ②$$

①②より,
$$2a+b=2d-c=5d-5N=5(d-N)$$

よって, $c+3d$ が 5 の倍数ならば $2a+b$ も 5 の倍数. ■

(2) a と b が互いに素で, c と d はどちらも素数 p の倍数とする.
このとき,
$$c=pc', \ d=pd' \ (c', \ d' \text{は自然数}) \ \cdots ③$$
とおける.
$c=4a+7b$, $d=3a+4b$ から
$$5a=-4c+7d, \ 5b=3c-4d$$
$\therefore \ 5a=p(-4c'+7d'), \ 5b=p(3c'-4d') \ \cdots ④$
ここで, $p\neq 5$ と仮定すると, p は素数であるから, p と 5 は互いに素.
よって, ④において a も b も p を約数にもつ.
これは, a と b が互いに素であることに矛盾. $\therefore \ p=5$ ■

── ▶解答 2 ◀ ──

(1) $c+3d=(4a+7b)+3(3a+4b)=13a+19b=15a+20b-(2a+b)$

$\therefore \ 2a+b=5(3a+4b)-(c+3d)$

$\therefore \ c+3d$ が 5 の倍数ならば $2a+b$ も 5 の倍数.

解法のポイント

● 1　③のように，2数が公約数pをもつときはpを用いて降下させるとよい．（演習 6-1，別冊 16 ページ参照）

● 2　▶解答2◀は$2a+b$を無理やり作るように式変形している．

● 3　一般に，「互いに素であることの証明」は1以外の公約数をもつと仮定して**矛盾を導く**とよい．

解法のフロー

整式と倍数に関する問題　▷　同値変形を繰り返し文字をまとめていく　▷　あるいは，目的の式を無理やり作る

演習 4-3

nを自然数とするとき，n^2と2^{n+1}は互いに素であることを示せ．

（千葉大）

Memo

§5 剰余と合同式

■ 合同式

「m でわりきれること」「m でわった余り」などの問題は，n に関してある数でわった余りで分類する方法が有効となる．これを，「m を法とする剰余類」という．a と b の p で割った余りが等しいとき，

$a \equiv b \pmod{p}$

と表現する．

合同式は，加減乗についてのみ演算可能で，
$a \equiv b,\ c \equiv d \pmod{p}$ のとき，

$a+c \equiv b+d,\ a-c \equiv b-d$

$ac \equiv bd,\ a^n \equiv b^n,\ f(a) \equiv f(b)$ （$f(x)$ は整数多項式）

が成り立つ．

また，a と p が互いに素のときに限り，$ab \equiv ac\ \Leftrightarrow\ b \equiv c \pmod{p}$ が成り立つ．

ex $335^{100} - 308$ を 24 でわった余りを求めよ．

→ $335 = 24 \cdot 14 - 1,\ 308 = 24 \cdot 13 - 4$ より，

$335^{100} - 308 \equiv (-1)^{100} - (-4) = 5 \pmod{24}$

■ 平方剰余

自然数 n として n^2 をある数を法とした剰余を平方剰余という．例えば，「3 を法とした平方剰余」を考えると，右表のようになる．表から「3 で割って 2 余る整数は存在しない」ことがわかる．（これを「剰余類の収縮」と呼ぶ）

mod 3

n	0	1	2
n^2	0	1	1

ex 平方数を 7 で割った余りとしてありうる自然数を求めよ．

→ 右表より，平方数を 7 で割った余りは 0, 1, 2, 4 に限られる．

mod 7

n	0	1	2	3	4	5	6
n^2	0	1	4	2	2	4	1

例題 5-1 合同式と剰余

(1) 2004^{2005} の一の位の数を求めよ.
(2) 7^{100} を 5 で割った余りを求めよ.
(3) n を自然数とする. $11^n - 8^n - 3^n$ は 24 で割り切れることを示せ.
(4) n を自然数とする. $3^{n+1} + 4^{2n-1}$ は 13 で割り切れることを示せ.

● ヒント 「割った余り」「割り切れる」に関する問題 → **合同式**の性質を用いよう！

―▶ 解答 1 ◀―

(1) $2004^{2005} \equiv 4^{2005} \pmod{10}$

4^n は, mod 10 で 4, 6, 4, 6, …を繰り返すので,
$2004^{2005} \equiv 4^{2005} \equiv 4 \pmod{10}$

∴ 2004^{2005} の一の位は 4.

n	1	2	3	4	5
4^n	4	6	4	6	4

mod 10

(2) $7^2 = 49 \equiv -1 \pmod{5}$ ∴ $7^{100} = (7^2)^{50} \equiv (-1)^{50} \equiv 1 \pmod{5}$

(3) $11^n - 8^n - 3^n \equiv 2^n - 2^n - 0^n \equiv 0 \pmod 3$
$11^n - 8^n - 3^n \equiv 3^n - 0^n - 3^n \equiv 0 \pmod 8$

∴ $11^n - 8^n - 3^n$ は 24 の倍数. ■

(4) $3^{n+1} + 4^{2n-1} = 3^{n+1} + 4 \cdot (16)^{n-1} \equiv 3^{n+1} + 4 \cdot 3^{n-1}$
$\equiv 9 \cdot 3^{n-1} + 4 \cdot 3^{n-1}$
$\equiv 13 \cdot 3^{n-1} \equiv 0 \pmod{13}$ ■

―▶ 解答 2 ◀―

(3) $11^n - 8^n = (11-8)(11^{n-1} + 11^{n-2} \cdot 8^1 + 11^{n-3} \cdot 8^2 + \cdots + 8^{n-1}) = 3N_1$ (N_1 は整数)

∴ $11^n - 8^n - 3^n = 3N_1 - 3^n = 3(N_1 - 3^{n-1})$

$11^n - 3^n = (11-3)(11^{n-1} + 11^{n-2} \cdot 3^1 + 11^{n-3} \cdot 3^2 + \cdots + 3^{n-1}) = 8N_2$ (N_2 は整数)

∴ $11^n - 8^n - 3^n = 8N_2 - 8^n = 8(N_2 - 8^{n-1})$

よって, $11^n - 8^n - 3^n$ は 24 の倍数. ■

(4) $3^{n+1} + 4^{2n-1} = 9 \cdot 3^{n-1} + 4 \cdot 16^{n-1} = 4(16^{n-1} - 3^{n-1}) + 13 \cdot 3^{n-1}$
$= 4(16-3)(16^{n-2} + 16^{n-3} \cdot 3 + \cdots + 3^{n-2}) + 13 \cdot 3^{n-1}$
$= 13N$ (N は整数) ■

解法のポイント

● 1　合同式を使うときは**出来る限り小さな数**に変形するように工夫する.

例えば，(2)においては $7 \equiv 2 \pmod 5$ とするよりも，$7^2 = 49 \equiv -1 \pmod 5$ と考えたほうが，計算が簡単に実行できることになる．

● 2　▶**解答 2**◀は，一般に，
$$x^n - y^n = (x-y)(x^{n-1} + x^{n-2}y + x^{n-3}y^2 + \cdots + xy^{n-2} + y^{n-1})$$
という変形ができることを利用して，(3)では 3 と 8，(4)では 13 を作っている．

● 3　(4)は数学的帰納法によって証明することもできる．
(例題 8-1 参照)

解法のフロー

「倍数」や「余り」に関する証明 ▶ 合同式の利用を考える ▶ 小さな数で計算できるように変形する

演習 5-1

(1) 2000^{2000} を 12 で割ったときの余りを求めよ． 　　　　（早稲田大）

(2) 11^{100} を 122 で割った余りを求めよ．

(3) n を自然数とする．$13^n - 8^n - 5^n$ は 40 の倍数であることを証明せよ．

(4) n が 2 以上の自然数のとき，$2^{2^n} - 6$ は 10 で割り切れることを示せ．

例題 5-2 剰余類

Ⅰ nを自然数とする．n^3+2n+1 を3で割ると1余ることを証明せよ．
（東京女子大）

Ⅱ 自然数nで，n^3+1 が3で割り切れるものをすべて求めよ．（一橋大）

● ヒント　Ⅰ　剰余の証明　→　**合同式**を利用して場合分けを考えよう！
　　　　　Ⅱ　割りきれるようなnを求める　→　nに関する**剰余類**を考えよう！

── ▶ 解答1 ◀ ──

Ⅰ（ⅰ）　$n \equiv 0 \pmod{3}$ のとき
$$n^3+2n+1 \equiv 0^3+2\cdot 0+1 \equiv 1 \pmod{3}$$
（ⅱ）　$n \equiv 1 \pmod{3}$ のとき
$$n^3+2n+1 \equiv 1^3+2\cdot 1+1 \equiv 4 \equiv 1 \pmod{3}$$
（ⅲ）　$n \equiv -1 \pmod{3}$ のとき
$$n^3+2n+1 \equiv (-1)^3+2\cdot(-1)+1 \equiv -2 \equiv 1 \pmod{3}$$
（ⅰ）～（ⅲ）より，任意の自然数nでn^3+2n+1を3で割ると1余る．■

Ⅱ（ⅰ）　$n \equiv 0 \pmod{3}$ のとき
$$n^3+1 \equiv 0^3+1 \equiv 1 \pmod{3}$$
（ⅱ）　$n \equiv 1 \pmod{3}$ のとき
$$n^3+1 \equiv 1^3+1 \equiv 2 \pmod{3}$$
（ⅲ）　$n \equiv -1 \pmod{3}$ のとき
$$n^3+1 \equiv (-1)^3+1 \equiv 0 \pmod{3}$$
（ⅰ）～（ⅲ）より，nが3で割って2余る自然数のときn^3+1は3で割りきれる．

── ▶ 解答2 ◀ ──

Ⅰ　$n^3+2n+1 = (n^3-n)+3n+1 = (n-1)n(n+1)+3n+1$
$(n-1)n(n+1)$ は連続3整数の積なので，6の倍数．
∴　任意の自然数nでn^3+2n+1を3で割ると1余る．■

Ⅱ　$n^3+1 = (n^3-n)+n+1 = (n-1)n(n+1)+n+1$
$(n-1)n(n+1)$ は連続3整数の積なので，6の倍数．
∴　nが3で割って2余る自然数のときn^3+1は3で割りきれる．

解法のポイント

● 1　Ⅰ(ⅲ) Ⅱ(ⅲ) は，$n \equiv 2 \pmod{3}$ として計算してもよいが，$n \equiv -1$ としているのは，2 より -1 のほうが，累乗を計算しやすいことによる．

● 2　▶解答 2◀ は，
$n^3 - n = (n-1)n(n+1)$ は**連続 3 整数の積**であることから，一般に，「$n^3 - n$ は 6 の倍数である」ことを積極的に意識して式変形をしている．

解法のフロー

余りで分類することが有効な問題 ▷ mod を利用した剰余類を用いる ▷ 合同式の計算を実行して考える

演習 5-2

Ⅰ　どのような整数 n に対しても，$n^2 + n + 1$ は 5 で割り切れないことを示せ．　　　　　　　　　　　　　　　　　　　　　　（学習院大）

Ⅱ　任意の整数 n に対し，$n^9 - n^3$ は 9 で割り切れることを示せ．（京都大）

例題 5-3 平方剰余

どの2つも互いに素である自然数 a, b, c について, $a^2+b^2=c^2$ が成り立つとき,
(1) c は奇数であることを示せ.
(2) a と b の一方は 3 の倍数であることを示せ.
(3) a と b の一方は 4 の倍数であることを示せ. (関西学院大)

● ヒント　平方剰余に関する問題
→ **平方剰余**における「**剰余類の収縮**」を利用しよう！

— ▶ 解答 1 ◀ —

(1) $a^2+b^2=c^2$ …①

a, b, c は互いに素なので, a, b, c のうち偶数は多くとも1つ.

仮に c が偶数のとき, a, b は奇数.

(奇数)^2 は (4の倍数)+1 であるから, ①の左辺は (4の倍数)+2.

一方, ①の右辺は (4の倍数) となり不適.

∴ c は奇数. また, a, b のうち一方は偶数. …② ■

(2) a, b ともに, 3 の倍数でないとすると, 右表より $a^2 \equiv b^2 \equiv 1 \pmod 3$.

よって, (①の左辺)$\equiv 2 \pmod 3$.

一方, 右表より, 2乗して 2 と合同となるような整数は存在しない.

∴ a と b の一方は 3 の倍数. ■

mod 3			
n	0	1	2
n^2	0	1	1

(3) ②から, a, b のどちらか一方は偶数であり, c は奇数.

$a=2a', b=2b'+1, c=2c'+1$ (a', b', c' は整数)

とすると,

①　$\Leftrightarrow$ $a'^2+b'(b'+1)=c'(c'+1)$
　　$\Leftrightarrow$ $a'^2=c'(c'+1)-b'(b'+1)$

mod 2		
n	0	1
n^2	0	1

ここで, $c'(c'+1), b'(b'+1)$ は連続 2 整数の積であるから偶数.

よって, a'^2 は偶数であり a' も偶数.

∴ a ($=2a'$) は 4 の倍数. ■

▶ 解答 2 ◀

(1) c が偶数のとき，a, b は奇数.

右表より $a^2 \equiv b^2 \equiv 1 \pmod 4$.

mod 4				
n	0	1	2	3
n^2	0	1	0	1

このとき①の右辺は 2 と合同．しかし，右表より，2 乗して 2 と合同となるような整数は存在しない．（以下同様）

解法のポイント

● 1 $a^2 + b^2 = c^2$ が成り立つような，自然数の組 (a, b, c) を**ピタゴラス数**という．ピタゴラス数は一般に，$(\boldsymbol{p^2 - q^2,\ 2pq,\ p^2 + q^2})$ の形で表される．〈Appendix ②〉

● 2 合同式は，非存在証明にも利用できる．例えば，mod 3 で考えることで $21x^2 + 10y^2 = 2$ なる整数 (x, y) は存在しないことが示せる．

● 3 平方剰余の**剰余類の収縮**は，以下のようなものがある．

mod 3			
n	0	1	2
n^2	0	1	1

mod 4				
n	0	1	2	3
n^2	0	1	0	1

mod 5					
n	0	1	2	3	4
n^2	0	1	4	4	1

上表より，一般に，

「3 で割って 2 余るような平方数は存在しない」

「4 で割って 2 または 3 余るような平方数は存在しない」

「5 で割って 2 または 3 余るような平方数は存在しない」

ことがわかる．

解法のフロー

平方数に関する条件式 ▷ ある数を法とした**累乗表**を考える ▷ **平方剰余**の収縮を利用する

演習 5-3

どの 2 つも互いに素である自然数 a, b, c について，$a^2 + b^2 = c^2$ が成り立つとき，積 abc が 60 の倍数であることを示せ．

Appendix ② ピタゴラス数

$a^2+b^2=c^2$ が成り立つような，自然数の組 (a, b, c) をピタゴラス数という．

ピタゴラス数については，以下の事実が知られている．

$a^2+b^2=c^2$ が成り立つような，どの 2 数も互いに素な自然数の組 (a, b, c) は，$(a, b, c) = (p^2-q^2, 2pq, p^2+q^2)$ （p, q は自然数）の形で表される．

(証明)

例題 5-3 で示した事実より，a, c は奇数，b は偶数として一般性を失わない．

$$a^2+b^2=c^2 \Leftrightarrow b^2=c^2-a^2 \Leftrightarrow b^2=(c+a)(c-a) \quad \cdots ①$$

b は偶数なので，$b=2b'$（b' は自然数）とすると，

$$① \Leftrightarrow 4b'^2 = (c+a)(c-a) \quad \cdots ②$$

$c+a$，$c-a$ は差が $2a$ でありこれは偶数なので，偶奇が一致．

よって，共に偶数．$c+a=2m, c-a=2n$（m, n は自然数）を②に代入すると，

$$② \Leftrightarrow b'^2 = mn \quad \cdots ③$$

一方，$a=m-n, c=m+n$ と表せるので，m, n が公約数 d をもつとすると，a, c も公約数 d をもつ．a, c は互いに素であるから $d=1$．よって，m, n は互いに素．

このことから，③において m, n はそれぞれ平方数といえる．$m=p^2, n=q^2$（p, q は自然数）とすることで，

$$(a, b, c) = (p^2-q^2, 2pq, p^2+q^2) \quad (p, q \text{ は自然数})$$

と表すことができる．■

§6 整数と論証

■ 証明法

整数問題における論証問題においては，
- 背理法
- 対偶証明法
- 数学的帰納法
- 降下法，無限降下法
- 部屋割り論法

などが代表的な手法である．

ex $\sqrt{2}$ が無理数であることを示せ．

→ 有理数だと仮定．$\sqrt{2} = \dfrac{b}{a}$（a は自然数，b は整数，a, b は互いに素）とおける．

整理すると，$2a^2 = b^2$． ∴ $b = 2b'$． 代入すると
$2a^2 = 4b'^2 \Leftrightarrow a^2 = 2b'^2$ ∴ $a = 2a'$
これは a, b 互いに素である仮定に矛盾．よって，$\sqrt{2}$ は無理数．■

■ 全称と存在

- 全称命題：「任意の～について…が成立する」
- 存在命題：「ある～で…が成立する」
- 特称命題：「$x = ○$ のときに…が成立する」

整数 n についての全称命題が与えられているとき，特別な整数 n についての成立（必要条件）から考えていく方法も有効となる．

ex $f(n) = an^3 + b$（$1 \leq a \leq 3$, $1 \leq b \leq 3$）が，すべての自然数 n で偶数であるとき，整数 a, b を求めよ．

→ $f(1) = a + b$ が偶数，$f(2) = 8a + b$ が偶数であることが必要．
$f(2) - f(1) = 7a$ も偶数．
$1 \leq a \leq 3$ より $a = 2$．また，$1 \leq b \leq 3$ より $b = 2$．

例題 6-1 背理法

Ⅰ　$\log_5 3$ は無理数であることを示せ.
Ⅱ　素数は無限に多く存在することを示せ.
Ⅲ　a, b は 2 以上の整数とするとき, $a^b - 1$ が素数ならば, $a = 2$ であり, b は素数であることを証明せよ.

● ヒント　そのまま示しにくいような証明問題

→ **背理法**の利用（否定を仮定して，矛盾を導く）

── ▶ 解答 ◀ ──

Ⅰ　$\log_5 3$ は有理数だと仮定する.
　$\log_5 3 = \dfrac{b}{a}$（a は自然数，b は整数，a, b は互いに素）とおける．　…①
　　　　　　① $\Leftrightarrow\ 3 = 5^{\frac{b}{a}} \Leftrightarrow\ 3^a = 5^b$
　左辺は 3 の倍数であるが，右辺は 3 の倍数でないから矛盾．
　　　　　　　　　　　　　　　　　　　∴　$\log_5 3$ は無理数．　■

Ⅱ　「素数が有限にしか存在しない」と仮定する．
　それらを $p_1, p_2, \cdots, p_n$ とする．
　ここで，$P = p_1 \cdot p_2 \cdots p_n + 1$ なる P を考える．
　P は全ての素数で割り切れないので素数．また，$p_1, p_2, \cdots, p_n$ のいずれにも一致しない．
　よって，素数が有限であることに矛盾．　∴　素数は無限に存在する．　■

Ⅲ　$a^b - 1 = (a-1)(a^{b-1} + \cdots + a + 1)$
　$a \geqq 2, b \geqq 2$ より，$a^{b-1} + \cdots + a + 1 \geqq a + 1 \geqq 3$
　$a^b - 1$ が素数ならば $a - 1 = 1$　　∴　$a = 2$
　b が素数でないと仮定する．そのとき，$b = cd$（c, d は 2 以上の整数）とおける．
　$a^b - 1 = 2^{cd} - 1 = (2^c)^d - 1 = (2^c - 1)((2^c)^{d-1} + \cdots + (2^c) + 1)$
　となり，$2^c - 1 \geqq 2^2 - 1 = 3$, $(2^c)^{d-1} + \cdots + (2^c) + 1 \geqq 2^c + 1 \geqq 5$
　となり，$a^b - 1$ が素数でなくなり，矛盾する．　　∴　b は素数である．　■

解法のポイント

1 Ⅰ 一般に，q が有理数ならば，
$$q = \frac{b}{a} \quad (a \text{ は自然数，} b \text{ は整数，} a, b \text{ は互いに素})$$
と一意的に表すことができる．

2 背理法とは，**題意の否定を仮定して矛盾を導くことで**，題意を証明する．
（題意をそのまま示しにくいような問題に有効）

3 Ⅰ 「無理数であることの証明」→「有理数だと仮定」→矛盾を導く
　　Ⅱ 「無限に存在することの証明」→「有限だと仮定」→矛盾を導く
　　Ⅲ 「素数であることの証明」→「合成数だと仮定」→矛盾を導く

解法のフロー

そのままでは証明しにくい問題 ▷ 条件の**否定を仮定**して考える ▷ **矛盾**を導く（背理法）

演習 6-1

n が 3 以上の整数のとき，$x^n + 2y^n = 4z^n$ を満たす整数 x, y, z は $x = y = z = 0$ 以外に存在しないことを証明せよ．

（千葉大）

例題 6-2 素数の存在論証

2以上の自然数 n に対し，n と n^2+2 がともに素数になるのは $n=3$ の場合に限ることを示せ． （京都大）

● ヒント 「存在しないこと」の証明
→ 剰余類（合同式）を利用して，すべての自然数を調べよう！

▶解答 1◀

$n=2$ のとき n は素数，$n^2+2=2^2+2=6$ は素数ではない．
$n=3$ のとき n は素数，$n^2+2=3^2+2=11$ も素数． …①
3以外の素数はすべて3で割り切れないから，n ($n \geq 4$) が素数であるとき，$n=3k+1$ または $n=3k+2$ （k は自然数）と表される．

（ⅰ）$n=3k+1$ のとき
$$n^2+2=(3k+1)^2+2=9k^2+6k+3=3(3k^2+2k+1)$$

（ⅱ）$n=3k+2$ のとき
$$n^2+2=(3k+2)^2+2=9k^2+12k+6=3(3k^2+4k+2)$$

（ⅰ），（ⅱ）のいずれの場合も，n^2+2 は3より大きい3の倍数．
∴ 2以上の自然数 n に対し，n と n^2+2 がともに素数になるのは $n=3$ の場合に限る．■

▶解答 2◀

（①まで(1)と同様）

（ⅰ）$n \equiv 1 \pmod{3}$ のとき
$$n^2+2 = 1^2+2 \equiv 3 \equiv 0 \pmod{3}$$

（ⅱ）$n \equiv -1 \pmod{3}$ のとき
$$n^2+2 = (-1)^2+2 \equiv 3 \equiv 0 \pmod{3}$$

（以下，(1)と同様）

▶解答 3◀

右表より，3の倍数でない数の平方数は3でわって1余るので，n が3の倍数でないとき，$n^2+2 \equiv 0 \pmod{3}$．
よって，n は3の倍数である．
そのうち素数であるのは3のみ．■

mod 3

n	0	1	2
n^2	0	1	1

解法のポイント

● 1　本問は，$n=2$, 3, 5…と実験して，
「n^2+2 が 3 の倍数になってしまうことがどうやら多そう」
という推測を，解法の糸口にしている．

● 2　▶解答 2◀（ⅱ）では「$n \equiv -1 \pmod{3}$」の代わりに「$n \equiv 2 \pmod{3}$」
で計算してもよい．

● 3　▶解答 3◀は mod 3 での「**剰余類の収縮**」を利用している．

● 4　一般に，本問のような「$n=3$ 以外に存在しないこと」を示すような「非存在証明」は，「存在証明」に比べて難しい場合が多い．そのときに，全称性に強い「**剰余類**」や「**数学的帰納法**」を用いることが有効になる．

解法のフロー

非存在証明 ▶ すべての自然数を調べあげる ▶ **剰余類**や**数学的帰納法**が有効

演習 6-2

Ⅰ　n を自然数とする．n, $n+2$, $n+4$ がすべて素数であるのは $n=3$ の場合だけであることを示せ． （早稲田大）

Ⅱ　q, $2q+1$, $4q-1$, $6q-1$, $8q+1$ がいずれも素数であるような q をすべて求めよ． （一橋大）

例題 6-3 部屋割り論法

Ⅰ 任意の異なる4つの整数から適当に2つの整数を選べば，その差が3の倍数となることを証明せよ． （神戸大）

Ⅱ 1をいくつか連続して並べた整数 111…1 の中には，2013で割りきれるものがあることを証明せよ．

● ヒント 「存在すること」の証明（存在証明）
→ 条件に合うものを**具体的に1つ**示せば十分！

── ▶ 解答 ◀ ──

Ⅰ 自然数を3でわった余りは3種類であるので，異なる4つの整数の中には，3でわったときの余りが等しいものがある． …①

それらを，$A = 3A' + r$，$B = 3B' + r$ と表すことができる．

ここで $A - B$ を考えると，$A - B = 3(A' - B')$ となるので，題意は証明された． ■

Ⅱ 自然数を2013でわった余りは2013種類であるので，

$$1$$
$$11$$
$$111$$
$$\vdots$$
$$111\cdots1 \,(2014 個並べたもの)$$

の2014個の数を2013でわった余り2014個の中には
必ず等しいものがある． …②

それらを，
$A = 111\cdots1$（1が a 個），$B = 111\cdots1$（1が b 個）$(a > b)$ とすると，
$A = 2013A' + r$，$B = 2013B' + r$ と表すことができる．

$$A - B = 1\cdots10\cdots0 = 10^b \cdot \underbrace{111\cdots1}_{a-b 個} = 2013(A' - B')$$

ここで，10と2013は互いに素であることから，
$111\cdots1$（1が $a-b$ 個）が2013の倍数といえる． ■

解法のポイント

● 1
> 〈ディリクレの部屋割り論法（鳩の巣原理）〉
> n コの要素を，$n-1$ コの集合に分けたとき，
> 2コ以上の要素を含む集合が少なくとも1コ存在する

● 2 　本問の ▶解答◀ では，①②で**部屋割り論法**を用いている．
　　Ⅰ　…　4コの要素の3コの集合に分ける
　　Ⅱ　…　2014コの要素を2013コの集合に分ける

● 3 　本問のように
「具体的にどれであるかは示す必要は無く，存在することだけを示す」
ような存在証明の場合は，「部屋割り論法」が有効になる．

解法のフロー

存在証明　▶　条件に合うものを1つあればよい　▶　部屋割り論法などが有効となる

演習 6-3

xy 平面において，x 座標，y 座標がともに整数である点 (x, y) を格子点という．いま，互いに異なる5個の格子点を任意に選ぶと，その中に次の性質をもつ格子点が少なくとも一対は存在することを示せ．
　　一対の格子点を結ぶ線分の中点がまた格子点となる．

（早稲田大）

Memo

§7 整数と方程式

■ 整数解／有理数解をもつ方程式

整数解／有理数解をもつ方程式 $f(x)=0$ に関する問題は，その解が，

> 整数解なら $x=n$ （n は整数）
> 有理数解なら $x=\dfrac{b}{a}$ （a は自然数，b は整数，a と b は互いに素）

としたものを代入した式において，整数条件を使えるように変形していく．

特に，$f(x)$ が 2 次方程式のときは，「解と係数の関係」や「解の公式」から考えていくことも重要．

ex n は自然数．3 次方程式 $x^3+nx^2+(n-6)x-2=0$ の 1 つの解が自然数のとき，n を求めよ．

→ 自然数解を m とする．
$m^3+nm^2+(n-6)m-2=0 \Leftrightarrow m(m^2+nm+n-6)=2 \quad \therefore \quad m=1 \text{ or } 2$.
$m=1$ のとき n は自然数にならないので不適．$m=2$ のとき，$n=1$.

例題 7-1 方程式の性質

Ⅰ　すべての整数 n に対して，$f(n)$ が整数となるような x の2次式 $f(x) = px^2 + qx + r$ があるとき，$2p$ が整数であることを示せ．

Ⅱ　a, b, c, d を整数とする．整式 $f(x) = ax^3 + bx^2 + cx + d$ において，$f(-1)$, $f(0)$, $f(1)$ がいずれも 3 で割り切れないならば，方程式 $f(x) = 0$ は整数の解を持たないことを証明せよ．　　　　　（三重大）

● ヒント　Ⅰ　「すべての整数 n で成立」→ **「特別な n での成立」** から考えよう！
　　　　　Ⅱ　整数値をとる多項式
　　　　　　　　　→ **具体値を代入** して，係数の条件を導いて考えよう！

─▶ 解答 ◀─

Ⅰ　すべての整数 n に対して整数値をとるから，
$n = -1$, 0, 1 とすると

$$f(-1) = p - q + r \quad \cdots ①$$
$$f(0) = r \quad \cdots ②$$
$$f(1) = p + q + r \quad \cdots ③$$

は整数．

ここで，$2p$ を考えると，

$2p = f(-1) + f(1) - 2f(0)$ と表されるので，$2p$ は整数．　■

Ⅱ　与条件より，

$$f(-1) = -a + b - c + d \quad \cdots ①$$
$$f(0) = d \quad \cdots ②$$
$$f(1) = a + b + c + d \quad \cdots ③$$

x を3を法とした剰余類で考えると，

（ⅰ）$x \equiv 0 \pmod{3}$ のとき　②より，$f(x) \equiv f(0) = d \not\equiv 0$

（ⅱ）$x \equiv 1 \pmod{3}$ のとき　③より，$f(x) \equiv f(1) = a + b + c + d \not\equiv 0$

（ⅲ）$x \equiv 2 \equiv -1 \pmod{3}$ のとき

　　　　　　　①より，$f(x) \equiv f(-1) = -a + b - c + d \not\equiv 0$

∴　方程式 $f(x) = 0$ はすべて整数を解に持たない．　■

- **解法のポイント**

● 1　一見，ⅠとⅡは解法が似ているが，
　　Ⅰ：「すべての整数 n で成り立つ」
　　　　　　　　→　**特別な値の n での成立**から考える．（必要条件）
　　Ⅱ：「$n = -1, 0, 1$ で成り立つ」　→　その **3 条件だけ**から考える．
　　という，本質的な違いに注意する．

● 2　Ⅰの▶**解答**◀は「**実験**」（§8 参照）をして，必要条件から考えている．

● 3　一般に，

> m を整数，$f(x)$ を m 次の多項式とするとき，
> $f(0), f(1), f(2), \cdots f(m)$ が整数値をとるならば，
> 任意の整数 n で $f(n)$ は整数値になる．

が成り立つ．（証明は数学的帰納法による）

- **解法のフロー**

方程式の性質　▷　与条件から係数の性質を考える　▷　必要条件や剰余類を用いて題意を示す

演習 7-1

多項式 $f(x) = x^3 + ax^2 + bx + c$（$a, b, c$ は実数）を考える．
(1)　$f(-1), f(0), f(1)$ がすべて整数ならば，すべての整数 n に対し，$f(n)$ は整数であることを示せ．
(2)　$f(1996), f(1997), f(1998)$ がすべて整数の場合でも同じことがいえることを示せ．
　　　　　　　　　　　　　　　　　　　　　　　　　（名古屋大）

例題 7-2 整数解

100以下の自然数 m のうち，2次方程式 $x^2-x-m=0$ の2つの解がともに整数であるような m は全部で何個あるか． (慶応義塾大)

● ヒント　2次方程式が整数解をもつ
→ **解と係数の関係，解の公式，整数解代入**などを考えよう！

▶ 解答1 ◀

2次方程式 $x^2-x-m=0$ の2つの整数解を $\alpha,\ \beta\ (\alpha\leq\beta)$ とする．
解と係数の関係から

$$\begin{cases} \alpha+\beta=1 \\ \alpha\beta=-m \end{cases} \cdots ①$$

m は自然数であるから　$\alpha\beta<0$
よって，α と β は異符号であり，$\alpha<0,\ \beta>0$．　…②
　①から

$$\alpha=1-\beta<0 \iff \beta>1 \quad \therefore\quad \beta\geq 2$$

また①から

$$\alpha\beta=(1-\beta)\beta=-m \iff m=(\beta-1)\beta\ (\beta=2,\ 3,\ 4,\ \cdots)$$

よって，m がとりうる値は

$$1\cdot 2,\ 2\cdot 3,\ 3\cdot 4,\ \cdots,\ 9\cdot 10,\ 10\cdot 11,\ \cdots$$

のうちの100以下の値を考えて，**9個**．

▶ 解答2 ◀

解の公式より，$x=\dfrac{1\pm\sqrt{1+4m}}{2}$

この2数がともに整数となるためには，根号の中身 $1+4m$ が「奇数の2乗」となればよい．

$1\leq m\leq 100$ であるから，401以下の平方数のうち，「奇数の2乗」となるものを考えて，

$$1+4m=1,\ 9,\ 25,\ 49,\ 81,\ 121,\ 169,\ 225,\ 289,\ 361$$

それぞれに対応する m は，

$$m=2,\ 6,\ 12,\ 20,\ 30,\ 42,\ 56,\ 72,\ 90$$

よって，全部で**9個**．

解法のポイント

● 1　②では，一般に
　　$AB<0$　⇔　A と B は異符号
　　$AB=0$　⇔　A, B の少なくとも一方が 0
　　$AB>0$　⇔　A と B は同符号
　であることを利用している．

● 2　本問では，整数解を n として代入し，変形した $n(n-1)=m$ の形から，対応する整数 n が2つ存在するような1以上100以下の自然数 m を，順にあてはめて考えていってもよい．〈整数解代入〉

解法のフロー

整数解をもつ方程式の問題　▷　解と係数の関係／解の公式，整数解代入　などを考える　▷　**整数条件**から限定的に考える

演習 7-2

x の2次方程式 $x^2-mnx+m+n=0$（ただし，m, n は自然数）で2つの解がともに整数となるものは何個あるか．　　　　　　（早稲田大）

例題 7-3 有理数解

(1) a, b, c を整数とする．x に関する3次方程式 $x^3+ax^2+bx+c=0$ が有理数の解をもつならば，その解は整数であることを示せ．

(2) 方程式 $x^3+2x^2+2=0$ は，有理数の解をもたないことを背理法を用いて示せ．

（神戸大）

● ヒント　高次方程式が有理数解をもつ
→ 有理数解を $\dfrac{q}{p}$（p は自然数，q は整数，p, q は互いに素）とおいて代入しよう！

── ▶ 解答 ◀ ──

(1) 方程式 $x^3+ax^2+bx+c=0$ が有理数の解 $x=a$ をもつとする．

有理数解を $\dfrac{q}{p}$（p は自然数，q は整数，p, q は互いに素）とする．　…①

$x=\dfrac{q}{p}$ は解であるから，$x^3+ax^2+bx+c=0$ に代入して，

$$\left(\dfrac{q}{p}\right)^3+a\left(\dfrac{q}{p}\right)^2+b\left(\dfrac{q}{p}\right)+c=0$$

$$\Leftrightarrow\quad q^3+apq^2+bp^2q+cp^3=0$$

$$\Leftrightarrow\quad q^3=-p(aq^2+bpq+cp^2)\quad …②$$

a, b, c, p, q は整数であるから，q^3 は p の倍数．

p と q は互いに素であるから，p と q^3 も互いに素．

∴　$p=1$．

よって，有理数解 $\dfrac{q}{p}$ は整数となる．　■

(2) 方程式 $x^3+2x^2+2=0$ が有理数解をもつとすると，(1)からその解は整数．

その解を n とすると，代入して，

$$n^3+2n^2+2=0\quad\Leftrightarrow\quad n^3+2n^2=-2$$

$$\Leftrightarrow\quad n^2(n+2)=-2\quad …③$$

n は整数であるから

∴　$(n, n+2)=(1, -2),\ (-1, -2)$

しかし，これを満たす n は存在しないから，矛盾．

∴　方程式 $x^3+2x^2+2=0$ は有理数解をもたない．　■

解法のポイント

1. 有理数と仮定するときは，①のように文字を設定することで，(p, q) が一意的に決定できる．（一意性は，背理法などの証明において有用な条件となる）

2. ②の式変形は，

   「**整数である**」⇔「$x = \dfrac{q}{p}$ において，$p = 1$」であることより $p = 1$ を示したい，という動機から，p を含む項だけを分離している．

3. ③の式変形は，

   整数 n の非存在を示したい，という動機から，**n を含む項だけを分離**している．

4. 一般に，

   > モニック（最高次の係数が1）で整数係数の多項式 $f(x)$ について，$f(x) = 0$ が有理数解をもつとき，その有理数解は整数である

   が成り立つ．（証明は本問と同様）

解法のフロー

有理数解をもつ方程式の問題 ▷ 有理数解を $x = \dfrac{q}{p}$ （p は自然数，q は整数，p, q は互いに素） ▷ **方程式に代入**して目的に向かうように式変形する

演習 7-3

a, b, c を奇数とする．x についての 2 次方程式 $ax^2 + bx + c = 0$ に関して

(1) 有理数の解 $\dfrac{q}{p}$（既約分数）をもつならば，p と q はともに奇数であることを証明せよ．

(2) 有理数の解をもたないことを(1)を利用して証明せよ．　　（鹿児島大）

Appendix ③　ペル方程式　$x^2 - dy^2 = 1$

$$x^2 - dy^2 = \pm 1 \quad (d \text{ は平方数でない自然数})$$

の形の不定方程式をペル方程式という．特に $x^2 - dy^2 = 1$ のとき，以下のことが知られている．

> $x^2 - dy^2 = 1$（d は平方数でない自然数）は必ず整数解をもつ．

また，$x^2 - dy^2 = 1$ の整数解は以下のように，いくつも求めていくことができる．

$x^2 - dy^2 = 1$ が整数解 $(x, y) = (x_1, y_1)$ をもつとすると，
$$x_1^2 - dy_1^2 = 1 \quad \Leftrightarrow \quad (x_1 + \sqrt{d}\, y_1)(x_1 - \sqrt{d}\, y_1) = 1$$
が成り立つ．ここで，
$$(x_1 + \sqrt{d}\, y_1)^n = x_n + \sqrt{d}\, y_n$$
$$(x_1 - \sqrt{d}\, y_1)^n = x_n - \sqrt{d}\, y_n$$
が成り立つことから，辺々かけると，
$$(x_1 + \sqrt{d}\, y_1)^n (x_1 - \sqrt{d}\, y_1)^n = (x_n + \sqrt{d}\, y_n)(x_n - \sqrt{d}\, y_n) = x_n^2 - dy_n^2$$
また，
$$(x_1 + \sqrt{d}\, y_1)^n (x_1 - \sqrt{d}\, y_1)^n = (x_1^2 - dy_1^2)^n = 1$$
より，
$$x_n^2 - dy_n^2 = 1$$
が成り立つ．つまり，$x^2 - dy^2 = 1$ が整数解 $(x, y) = (x_1, y_1)$ をもつとすると，$(x, y) = (x_n, y_n)$ も整数解である．

このことから，ペル方程式 $x^2 - dy^2 = 1$ は一般に無数の整数解をもつことが示せる．

§8 整数と数列

■ 数学的帰納法

「すべての自然数 n について〜が成り立つ」というような自然数限定の全称命題においては数学的帰納法が有効となることが多い.

ex すべての自然数 n について,「n^3+5n は 6 の倍数である」 …〔A〕を数学的帰納法によって証明せよ.
→ 　[1]　$n=1$ のとき $1^3+5\times 1=6$ から〔A〕は成立.
　　[2]　$n=k$ のとき〔A〕の成立を仮定, $k^3+5k=6l$ (l は自然数) と表す.
　　　　$(k+1)^3+5(k+1)=k^3+3k^2+3k+1+5k+5=6l+3k(k+1)+6$
　　　　$k(k+1)$ は偶数であるから, $3k(k+1)$ は 6 の倍数. ∴ $n=k+1$ のときも〔A〕は成立.
　　[1], [2] から, すべての自然数 n について〔A〕は成立.

■ 数列と実験

解法が定めにくい問題のとき, $n=0, 1, 2, \cdots$ などと具体値を代入してみる (実験) ことで, 解法や証明の糸口が見つかることがある. (論証)

特に, 数列や漸化式と整数が関する問題では, 倍数や余りに関して, 実験的に考えることが有効である.

ex 数列 $\{a_n\}$ が $a_1=\dfrac{1}{3}$, $a_{n+1}=\dfrac{1}{1-a_n}$ ($n=1, 2, \cdots$) を満たすとき, a_{50} を求めよ.
→ 　$a_2=\dfrac{1}{1-a_1}=\dfrac{3}{2}$, $a_3=\dfrac{1}{1-a_2}=-2$, $a_4=\dfrac{1}{1-a_3}=\dfrac{1}{3}$.
　　∴ 　数列 $\{a_n\}$ は $\dfrac{1}{3}$, $\dfrac{3}{2}$, -2 を繰り返す.
　　　$50=3\times 16+2$ より $a_{50}=a_2=\dfrac{3}{2}$.

例題 8-1# 整数と数学的帰納法

Ⅰ すべての自然数 n に対して，7^n-2n-1 …① が 4 の倍数であることを数学的帰納法によって証明せよ．

Ⅱ 5 以上のすべての自然数 n に対して，$2^n \geqq n^2+n$ …① が成立することを証明せよ．

● ヒント　Ⅰ　倍数の証明
　　　　　　→ 4-2 の解法に加え，**数学的帰納法**の利用を考えよう！
　　　　　Ⅱ　整数 n に関する不等式の証明
　　　　　　→ **数学的帰納法**の利用を積極的に考えよう！

—▶ 解答 ◀—

Ⅰ [1] $n=1$ のとき　$7^n-2n-1=7^1-2\cdot1-1=4$　よって，①は成り立つ．

[2] $n=k$ のとき①が成り立つと仮定する．$7^k-2k-1=4N$（m は整数）と表される．$n=k+1$ のときを考えると
$$7^{k+1}-2(k+1)-1 = 7\cdot 7^k-2k-3$$
$$= 7(4N+2k+1)-2k-3$$
$$= 28N+12k+4$$
$$= 4(7N+3k+1) = 4M \quad (M \text{ は整数})$$

$n=k+1$ のとき①は成り立つ．

[1], [2] により，①はすべての自然数 n について成り立つ．■

Ⅱ [1] $n=5$ のとき　左辺 $=2^5=32$，右辺 $=5^2+5=30$　①は成り立つ．

[2] $n=k$ $(k\geqq5)$ のとき①が成り立つと仮定する．$2^k \geqq k^2+k$ …②
$n=k+1$ のとき，①の両辺の差を考える．
$$2^{k+1}-\{(k+1)^2+(k+1)\} = 2\cdot 2^k-(k+1)^2-(k+1)$$
$$\geqq 2(k^2+k)-(k+1)^2-(k+1)$$
$$= 2k(k+1)-(k+1)(k+2)$$
$$= (k+1)(k-2)$$

$k\geqq5$ であるから　$(k+1)(k-2)>0$　よって，$n=k+1$ のときにも①は成り立つ．

[1], [2] より，①は 5 以上のすべての自然数 n について成り立つ．■

解法のポイント

● 1　Iは，**合同式**を用いても証明できる．

7^n は mod 4 で，3, 1 を繰り返す．（周期 2）

$2n$ は mod 4 で，2, 0 を繰り返す．（周期 2）

mod 4								
n	1	2	3	4	5	6	7	…
7^n	3	1	3	1	3	1	3	…

（ⅰ）$n \equiv 1$ のとき，
$$7^n - 2n - 1 \equiv 3 - 2 - 1 \equiv 0 \pmod{4}$$

（ⅱ）$n \equiv 0$ のとき，
$$7^n - 2n - 1 \equiv 1 - 0 - 1 \equiv 0 \pmod{4}$$

mod 4								
n	1	2	3	4	5	6	7	…
$2n$	2	0	2	0	2	0	2	…

（ⅰ）（ⅱ）より，任意の自然数 n で，$7^n - 2n - 1$ は 4 の倍数．

● 2　一般に，ある数を法とした累乗の剰余の数列は，必ず周期数列になることが知られている．

　本問であれば，$7^0 \sim 7^7$ までの剰余を考えると，その 8 つ中には必ず合同なものがあるので（部屋割り論法），**累乗の剰余の数列は必ず周期を持つ**．

解法のフロー

倍数の証明　→　整数や自然数限定　→　数学的帰納法
不等式の証明　　　の全称命題　　　　　を利用する

演習 8-1

Ⅰ　すべての自然数 n に対して，$2^{n-1} + 3^{3n-2} + 7^{n-1}$ …① が 5 の倍数であることを数学的帰納法で証明せよ．

Ⅱ　実数 x, y について，$x+y, xy$ がともに偶数とする．すべての自然数 n に対して $x^n + y^n$ は偶数となることを示せ．

例題 8-2 数列と実験

整数 $a_n = 19^n + (-1)^{n-1}2^{4n-3}$ $(n=1, 2, 3, \cdots)$ のすべてを割り切る素数を求めよ。　　　　　　　　　　　　　　　　　　　　　　　　　　　（東京工業大）

● ヒント　自然数 n に関する全称命題の条件　→　**特別な n での成立**から考えよう！

▶解答 1 ◀

題意の素数を p とする．

　$n=1$ のとき　$a_1 = 19 + (-1)^0 2^1 = 21 = 3 \cdot 7$　　…①

　$n=2$ のとき　$a_2 = 19^2 + (-1)^1 2^5 = 329 = 7 \cdot 47$　…②

①②より $p=7$ と推定される．

次に，「すべての自然数 n について，$a_n = 19^n + (-1)^{n-1}2^{4n-3}$ が 7 で割り切れる」　…③を示す．

7 を法として a_n を考えると，
$$\begin{aligned}
a_n &= 19^n + (-1)^{n-1}2^{4n-3} \\
&= 19^n + (-1)^{n-1} \cdot 2 \cdot 16^{n-1} \\
&\equiv (-2)^n + 2 \cdot 2^{n-1} \pmod{7} \\
&\equiv -2(-2)^{n-1} + 2 \cdot 2^{n-1} \equiv 0 \pmod{7} \quad \cdots ④
\end{aligned}$$

よって，③は示された．以上より，題意の素数は 7．

▶解答 2 ◀

（③まで同様）数学的帰納法で示す．

[1]　$n=1$ のとき　$a_1 = 19^1 + (-1)^0 2^1 = 21 \equiv 0 \pmod{21}$ よって，③は成り立つ．

[2]　$n=k$ のとき③が成り立つと仮定する．$19^k - (-1)^{k-1}2^{4k-3} = 7N$（$N$ は整数）と表される．

$n=k+1$ のときを考えると

$$\begin{aligned}
19^{k+1} - (-1)^k 2^{4k+1} &= 19(19^k - (-1)^{k-1}2^{4k-3}) + 19(-1)^{k-1}2^{4k-3} - (-1)^k 2^{4k+1} \\
&= 19 \cdot 7N - 35 \cdot (-1)^{k-1} 2^{4k-3} \\
&= 7(19N - 5(-1)^{k-1}2^{4k-3}) \\
&= 7N' \quad (N' は整数)
\end{aligned}$$

[1]，[2]により，③はすべての自然数 n について成り立つ．

解法のポイント

- 1　本問では①②のように，**特別な n で実験**して（必要条件）$p=7$ と**推定**することが大きなポイントとなる．

- 2　③以降は 8-1 と同様の問題なので，数学的帰納法を用いて証明してもよい．

- 3　④の合同式の計算は，「**大きな数を小さい値で表現する**」ように考え，
$$2^{4n-3}=2\cdot 2^{4n-4}=2\cdot (2^4)^{n-1}=2\cdot 16^{n-1}\equiv 2\cdot 2^{n-1} \pmod{7}$$
のように，指数を切り崩して変形していっている．

解法のフロー

「すべての n で p の倍数」を示す ▶ まず，**実験**をして，p の値を**推定**する ▶ **命題を構成**し，それを証明する

§8 整数と数列

演習 8-2#

すべての自然数 n に対して 5^n+an+b が 16 の倍数となるような 16 以下の正の整数 a, b を求めよ． （一橋大）

例題 8-3# 整数と漸化式

整数からなる数列 $\{a_n\}$ を漸化式

$$\begin{cases} a_1 = 1, \ a_2 = 3 \\ a_{n+2} = 3a_{n+1} - 7a_n \ (n = 1, 2, \cdots) \end{cases}$$

によって定める.

(1) a_n が偶数となる n を決定せよ.
(2) a_n が 10 の倍数となるための n の条件を求めよ. 　(東京大)

● ヒント　整数と漸化式　→　まずは，**一般項を求めずに数列の性質を考えよう!**

―▶ 解答 ◀―

(1) $a_n \equiv b_n \pmod{2}$ $(0 \leq b_n \leq 1)$ とすると,

$$a_{n+2} = 3a_{n+1} - 7a_n$$
$$\Leftrightarrow b_{n+2} \equiv b_{n+1} + b_n \pmod{2}$$

数列 $\{b_n\}$ を考えると,
右表のように

1, 1, 0

を繰り返す.（周期 3）

n	1	2	3	4	5	6	7	8	$\cdots$
b_n	1	1	0	1	1	0	1	1	$\cdots$

mod 2

∴ n が 3 の倍数のとき, a_n は偶数.　…①

(2) 「a_n が 10 の倍数」 ⇔ 「a_n が偶数, かつ 5 の倍数」

$a_n \equiv c_n \pmod{5}$ $(0 \leq c_n \leq 4)$ とすると,

$$a_{n+2} = 3a_{n+1} - 7a_n$$
$$\Leftrightarrow c_{n+2} \equiv 3c_{n+1} + 3c_n \pmod{5}$$

数列 $\{c_n\}$ を考えると,
右表のように

1, 3, 2, 0

を繰り返す.（周期 4）

n	1	2	3	4	5	6	7	8	9	$\cdots$
c_n	1	3	2	0	1	3	2	0	1	$\cdots$

mod 5

∴ n が 4 の倍数のとき, a_n は 5 の倍数.　…②

①②より, n が 12 の倍数のとき, a_n は 10 の倍数.　…③

解法のポイント

● 1　▶解答 の表では，同じ2連数が現れるまで逐次代入（**実験**）して書いていき，周期を発見している．

● 2　③では，3と4の最小公倍数である12を考えている．

● 3　以下のように，漸化式を切り崩して，周期を確かめることもできる．
(1)　$a_3 = 2$, $a_{n+3} - a_n = (3a_{n+2} - 7a_{n+1}) - a_n = \cdots = 2(a_{n+1} - 11a_n)$：偶数
から周期3で，a_n は偶数．
(2)　$a_4 = -15$, $a_{n+4} - a_n = (3a_{n+3} - 7a_{n+2}) - a_n = \cdots$
$= -15(a_{n+1} + a_n)$：5の倍数
から周期4で，a_n は5の倍数．

● 4　一般に，漸化式で与えられる剰余の数列は，必ず周期数列になることが知られている．

解法のフロー

整数と漸化式 についての問題 ▷ 漸化式の性質や **合同式**で考える ▷ **実験**をすることも有効となる

演習 8-3#

数列 a_n, b_n が $\begin{cases} a_{n+1} = a_n + b_n \\ b_{n+1} = a_n \end{cases}$, $a_1 = b_1 = 1$ を満たすとき，次の問に答えよ．

(1)　a_n, b_n はともに正の整数であることを証明せよ．
(2)　互いに素であることを証明せよ．

Memo

§9 整数と図形

■ 整数と図形

　図形が絡む整数問題は，図形の成立条件・存在条件や，長さ・角度・面積などの図形的性質から条件式を立式し，整数問題として解く．

ex 直角三角形の3辺の長さを a, b, c (a, b, c は整数, $a<b<c$) とする．a の最小値を求めよ．

→ $a^2+b^2=c^2 \iff a^2=(c+b)(c-b)$. $a^2=1, 4$ は不適，∴ $a^2=9$
よって a の最小値は 3.

■ 格子点

　xy 平面上で x 座標，y 座標共に整数である点を格子点という．

　格子点に関する問題は，座標が整数であることから，題意の条件を立式して整数問題として考える．

　あるいは，整数解 (x, y) を格子点 (x, y) と言い換えて，座標平面上で条件を考えていくこともある．

ex $x^2+y^2-4x-2y<0$, $x-y<0$ をみたす整数解 (x, y) を求めよ．

→ $x^2+y^2-4x-2y<0 \iff (x-2)^2+(y-1)^2<5$
条件は右図の斜線部（境界含まない）．
斜線部内の格子点を考えて，
$(x, y) = (0, 1)$, $(1, 2)$, $(2, 3)$

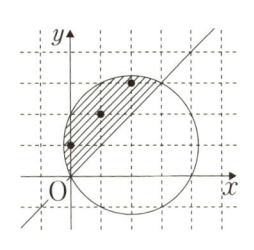

例題 9-1 整数と図形①

直角を挟む2辺の長さが a, b の直角三角形がある．内接円の半径を r とする．

(1) r を a, b で表せ．

(2) a, b は整数とし，$a<b$, $r=5$ とする．このような a, b の組をすべて求めよ．

(一橋大)

● ヒント　図形に関する整数問題

→ **図形的な制約**を，条件式として立式して考えよう！

── ▶ 解答 1 ◀ ──

(1) 右図において，CP⊥OP，CQ⊥OQ，OP⊥OQ，
CP＝CQ＝r より，四角形 OPCQ は正方形．
円への接線の長さは等しいことから
AR＝AP＝$a-r$，BR＝BQ＝$b-r$
∴ AB＝AR＋BR＝$a+b-2r$
一方，三平方の定理により　AB＝$\sqrt{a^2+b^2}$
∴ $a+b-2r=\sqrt{a^2+b^2}$　よって　$r=\dfrac{1}{2}(a+b-\sqrt{a^2+b^2})$

(2) $r=5$ から　$a+b-10=\sqrt{a^2+b^2}$　…①
両辺を2乗して
$$a^2+b^2+2ab-20a-20b+100=a^2+b^2$$
⇔　$ab-10a-10b=-50$
⇔　$(a-10)(b-10)=50$　…②

$a-10$	$b-10$
1	50
2	25
5	10

a, b は自然数であるから　$a-10\geqq -9$，$b-10\geqq -9$，$a-10<b-10$
∴ ②から　$(a-10, b-10)=(1, 50), (2, 25), (5, 10)$
よって　$(a, b)=(11, 60), (12, 35), (15, 20)$　これらは①を満たす　…③

── ▶ 解答 2 ◀ ──

(1) 三平方の定理により　AB＝$\sqrt{a^2+b^2}$
三角形 ABC の面積を S とすると，
$S=\dfrac{1}{2}ab=\dfrac{1}{2}r(a+b+\sqrt{a^2+b^2})$　∴ $r=\dfrac{ab}{a+b+\sqrt{a^2+b^2}}$　…④

解法のポイント

- **1** 一般に，三角形の内接円が関係する問題では，**中心と接点を結ぶ補助線**を引いて，接線の長さが等しいことなどを用いて，考えるとよい．特に，本問のように直角三角形のときは，正方形を考えることができる．

- **2** ①の両辺を2乗するところで，同値関係が崩れていることから③の確認が必要となる．

- **3** ②は単純な「積の形」であるから，このあと**絞り込んで振り分けている**．

- **4** ▶解答2◀ では，三角形の面積公式 $S = \dfrac{1}{2}r(a+b+c)$ から考えている．④は分母を有理化すると ▶解答1◀ (1)と同じ形になる．

解法のフロー

| 整数と図形に関する問題 | ▷ | 図形的性質を積極的に利用する | ▷ | (長さ)>0 や整数条件などを利用 |

演習 9-1

3辺の長さがそれぞれ2ケタの整数である直角三角形がある．いま斜辺の長さは他の1辺の長さの一の位の数字と十の位の数字を入れ替えた数であるとする．このとき，この三角形の3辺の長さを求めよ．　　(福井大)

例題 9-2 整数と図形②

平面上の凸多角形で,各頂点がすべて格子点のものについて,次のことを証明せよ.
(1) 面積の2倍は整数である.
(2) 内角の正接(tan)は,直角の場合を除いて,有理数である.(一橋大)

● ヒント　格子点に関する問題　→　**座標が整数**である条件から考えよう!

―▶解答◀―

(1) 任意の凸多角形は必ず,頂点だけで構成される3角形に分割可能.
　　それぞれの3角形の面積は,
　3頂点の座標を (x_1, y_1), (x_2, y_2), (x_3, y_3) とすると,
$$S = \frac{1}{2}|(x_2-x_1)(y_3-y_1)-(x_3-x_1)(y_2-y_1)|$$
$$\Leftrightarrow 2S = |(x_2-x_1)(y_3-y_1)-(x_3-x_1)(y_2-y_1)|$$
と表される.

　よって,それぞれの3角形の面積は,2倍すると必ず整数.
　∴　凸多角形の面積の2倍は整数.　■

(2) 2頂点の座標を (x_1, y_1), (x_2, y_2) とすると,その2頂点を結ぶ辺の長さ l は,
$$l = \sqrt{(x_2-x_1)^2+(y_2-y_1)^2}$$
と表されるので,l^2 は整数.　…①

　ある内角 θ に注目し,その両側の辺の長さを, a, b とする.

　その2辺からなる3角形の面積は
$$S = \frac{1}{2}ab\sin\theta \Leftrightarrow \sin\theta = \frac{2S}{ab} \quad \cdots ②$$
残りの1辺の長さを c とすると,余弦定理より,
$$c^2 = a^2+b^2-2ab\cos\theta \Leftrightarrow \cos\theta = \frac{a^2+b^2-c^2}{2ab} \quad \cdots ③$$
②③より,
$$\tan\theta = \frac{\sin\theta}{\cos\theta} = \frac{4S}{a^2+b^2-c^2}$$
　(1)と①より,分母,分子はともに整数であるから,$\tan\theta$ は有理数.　■

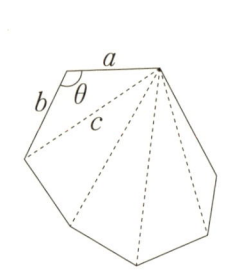

- 解法のポイント

● 1　図形が確定しないと考えにくいため，▶解答◀ではとりあえず 7 角形を採用し，**一般性を失わないように注意**しながら解答を構成していっている．

● 2　有理数は $\dfrac{q}{p}$（p は自然数，q は整数，p, q は互いに素）と表される数のことをいう．

● 3　本問の ▶解答◀ は
「三角関数の加法定理は四則演算であり，有理数が四則演算について閉じている」
ということを利用している．

- 解法のフロー

整数と図形に関する問題 ▷ 一般性を失わないように文字を置く ▷ 実数，有理数，整数の定義を利用する

§9 整数と図形

演習 **9-2**

Ⅰ　三角形 ABC において，∠B = 60°，∠B の対辺の長さ b は整数，他の 2 辺の長さ a, c はいずれも素数である．このとき三角形 ABC は正三角形であることを示せ． （京都大）

Ⅱ　直角三角形の 3 辺の長さがすべて整数であるとき，面積は 6 の倍数となることを示せ． （一橋大）

例題 9-3 整数と図形③

三角形 ABC の3つの内角をそれぞれ A, B, C で表し，$A \leq B \leq C$ とする．
(1) $\tan A$ のとる値の範囲を求めよ．
(2) $\tan C$ を $\tan A$ と $\tan B$ の式で表せ．
(3) $\tan A$, $\tan B$, $\tan C$ がすべて整数のとき，$\tan A$, $\tan B$, $\tan C$ の値を求めよ．
(一橋大)

● ヒント 「$\tan \theta$ が整数」
→ $\theta = 45°$ のとき，$\tan \theta = 1$ であるから，$\theta \geq 45°$ であることから絞り込んでいこう！

──▶ 解答 ◀──

(1) $A \leq B \leq C$, $3A \leq A+B+C = 180°$ ⇔ $A \leq 60°$
    $A > 0°$ であるから $0° < A \leq 60°$
    ∴ $0 < \tan A \leq \sqrt{3}$ …①

(2) $C = 180° - (A+B)$ であるから
$$\tan C = \tan\{180° - (A+B)\} = -\tan(A+B)$$
$$= -\frac{\tan A + \tan B}{1 - \tan A \tan B} \quad \text{…②}$$

(3) $\tan A = a$, $\tan B = b$, $\tan C = c$ とすると
    ①より $a = 1$. ∴ $\tan A = 1$
    ∴ ②より $c = -\dfrac{a+b}{1-ab} = -\dfrac{1+b}{1-b}$ …③
    $b = 1$ のとき $B = 45°$, $C = 90°$ となり，
    このとき $\tan C$ は整数とならないので，$b \neq 1$.
    ③ ⇔ $bc - c - b = 1$
      ⇔ $(b-1)(c-1) = 2$ …④
    $a = 1$ より $A = 45°$ であるから $45° \leq B \leq C < 90°$ …⑤
    ∴ $1 \leq b \leq c$ …⑥
    ④，⑥から $b-1 = 1$, $c-1 = 2$
    ∴ $\tan B = 2$, $\tan C = 3$

$b-1$	$c-1$
1	2

解法のポイント

● 1 (3)　⑤は「$\tan A$, $\tan B$, $\tan C$ がすべて整数」
　　　　　→　「A, B, C はすべて $45°$ 以上」
　　　　　→　「内角の和 $180°$ なので，A, B, C すべて $90°$ 以下」
　　　　　→　「$\tan 90°$ は整数ではないので，
　　　　　　　　A, B, C はすべて $45°$ 以上で，$90°$ より小」
　と考えていけば，絞り込める．

● 2　本問は，(1)(2) の誘導がなくても，(3) が解けるようにしておく．

● 3　本問でもし「$A \leq B \leq C$」の条件が与えられていない場合は，
　大小関係を与えてから同様に考えて，最後に，3 つの入れ替えを考慮
　して答えるとよい．

解法のフロー

| 整数と図形に関する問題 | ▷ | 図形的条件から絞り込んでいく | ▷ | 整数問題の典型手法を利用する |

演習 9-3

m と n を $m \geq n$ を満たす正の整数とする．3 辺の長さがそれぞれ $m+1$, m, n であり，それらの和が 100 以下であるような直角三角形は，全部で何個あるか．また，そのうち面積が最も大きいものの斜辺の長さを求めよ．

(上智大)

Memo

§10 整数の有名定理

■ **ガウス記号**

実数 x について，x を越えない最大の整数を $[x]$ で表す．このとき，
$$[x] = a \iff a \leq x < a+1 \iff x-1 < a \leq x$$
が成り立つ．

ex $\left[\dfrac{1}{3}x+1\right] = -2$ を満たす x の値の範囲を求めよ．

→ $-2 \leq \dfrac{1}{3}x+1 < -1$ から $-9 \leq x < -6$

■ **オイラー関数**

素因数が $p_1, p_2, \cdots, p_n$ なる自然数 N について，N の関数 $\phi(N)$ を
$$\phi(N) = N\left(1-\dfrac{1}{p_1}\right)\left(1-\dfrac{1}{p_2}\right)\cdots\left(1-\dfrac{1}{p_n}\right)$$
とすると，$\phi(N)$ は「N 以下の自然数で N と互いに素なものの個数」を表す．

ex 60 以下の自然数で 60 と互いに素なものの個数を求めよ．

→ $60 = 2^2 \cdot 3 \cdot 5$ より，$\phi(60) = 60\left(1-\dfrac{1}{2}\right)\left(1-\dfrac{1}{3}\right)\left(1-\dfrac{1}{5}\right) = 16$ (個)

■ **中国剰余定理**

a_1, a_2 が互いに素な整数のとき，
$$n \equiv r_1 \pmod{a_1}, \ n \equiv r_2 \pmod{a_2}$$
をみたす n が 0 以上 $a_1 a_2$ 未満の範囲にただ 1 つ存在する．

＊ 上記は 2 元の場合だが，3 元以上でも成り立つ．

■ **フェルマーの小定理**

p が素数，a が任意の自然数のとき，
$$a^p \equiv a \pmod{p}$$
特に，a が p と互いに素な自然数のとき，両辺を a でわることができるので，
$a^{p-1} \equiv 1 \pmod{p}$ （証明は **発展演習 10**，別冊 40 ページ参照）

ex 5^{22} を 23 でわった余りを求めよ．

→ フェルマーの小定理より，$5^{22} \equiv 1 \pmod{23}$

例題 10-1 オイラー関数

1 から n までの自然数のうちで，n と互いに素であるものの個数を $\phi(n)$ とする．たとえば $\phi(6)=1$, $\phi(10)=4$ である．
(1) p を素数，k を自然数とするとき，$\phi(p^k)$ を求めよ．
(2) $\phi(100)$ を求めよ．
(3) $\phi(1500)$ を求めよ．

（佐賀大）

● ヒント　オイラー関数　→　「n と互いに素な n 以下の自然数の個数」について考える問題で意識しよう！

――▶ 解答 ◀――

(1) 1 から p^k までの p の倍数は，$\dfrac{p^k}{p}=p^{k-1}$ 個．
$\phi(p^k)=p^k-p^{k-1}$

(2) $100=2^2 \cdot 5^2$.
A：2 の倍数
B：5 の倍数
$$n(A)=\frac{100}{2}=50,\ n(B)=\frac{100}{5}=20,\ n(A\cap B)=\frac{100}{10}=10$$
$\phi(100)=100-n(A\cup B)=100-(n(A)+n(B)-n(A\cap B))=40$

(3) $1500=2^2 \cdot 3 \cdot 5^3$.
A：2 の倍数
B：5 の倍数
C：3 の倍数

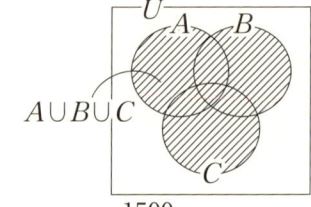

$$n(A)=\frac{1500}{2}=750,\ n(B)=\frac{1500}{5}=300,\ n(C)=\frac{1500}{3}=500$$
$$n(A\cap B)=\frac{1500}{2\cdot 5}=150,\ n(B\cap C)=\frac{1500}{5\cdot 3}=100,$$
$$n(C\cap A)=\frac{1500}{3\cdot 2}=250,\ n(A\cap B\cap C)=\frac{1500}{2\cdot 5\cdot 3}=50$$

$\phi(1500)=1500-n(A\cup B\cup C)$
$\quad =1500-(n(A)+n(B)+n(C)-n(A\cap B)-n(B\cap C)-n(C\cap A)$
$\qquad +n(A\cap B\cap C))$
$\quad =1500-(750+300+500-150-100-250+50)=400$

解法のポイント

● 1　例題 1-3 I もオイラー関数を用いれば

$$\phi(144) = 144\left(1 - \frac{1}{2}\right)\left(1 - \frac{1}{3}\right) = 48$$

と簡単な計算で求めることができる．

● 2

〈オイラー関数〉

素因数が $p_1, p_2, \cdots, p_n$ なる自然数 N について，N の関数 $\phi(N)$ を

$$\phi(N) = N\left(1 - \frac{1}{p_1}\right)\left(1 - \frac{1}{p_2}\right)\cdots\left(1 - \frac{1}{p_n}\right)$$

とすると，$\phi(N)$ は「N 以下の自然数で N と互いに素なものの個数」を表す．

● 3　一般に，オイラー関数 $\phi(n)$ は，

$$\phi(a) \cdot \phi(b) = \phi(ab) \text{（オイラー関数の乗法性）}$$

が成立し，また，

a, n が互いに素な整数のとき，$a^{\phi(n)} \equiv 1 \pmod{n}$

が成立する．

解法のフロー

オイラー関数に関する問題 ▶ まず，素因数分解から考える ▶ 約数を消していくプロセスを考える

演習 10-1

m, n は 0 以上の整数とする．n 以下の素数の個数を $f(n)$ とかく．定義より $f(0) = f(1) = 0$ であり，

$f(20) = {}^{\mathcal{T}}\boxed{}$ である．$f(n)$ が m 以上であるような n の最小値を $g(m)$ とかく．このとき，$g(0) = {}^{\mathcal{A}}\boxed{}$, $g(1) = {}^{\mathcal{\dot{}}}\boxed{}$, $g(10) = {}^{\mathcal{エ}}\boxed{}$ である．

（慶応義塾大）

例題 10-2 中国剰余定理

n は整数で，$0 \leq n < 105$ とする．n を3で割った余りを a，n を5で割った余りを b，n を7で割った余りを c とするとき，n は $70a + 21b + 15c$ を 105 で割ったあまりに等しいことを証明せよ． （立教大）

● ヒント　中国剰余定理
→ 「○で割った余りが」という条件を**乗法の形の式で表現**していこう！

──▶ 解答 ◀──

条件から

$n = 3p + a$　（p は整数，$0 \leq a < 3$）
$\Leftrightarrow \quad a = n - 3p$

$n = 5q + b$　（q は整数，$0 \leq b < 3$）
$\Leftrightarrow \quad b = n - 5q$

$n = 7r + c$　（r は整数，$0 \leq c < 3$）
$\Leftrightarrow \quad c = n - 7r$

$70a + 21b + 15c$
$= 70(n - 3p) + 21(n - 5q) + 15(n - 7r)$
$= 106n - 210p - 105q - 105r$
$= 105(n - 2p - q - r) + n$

ここで，$n - 2p - q - r$ は整数で $0 \leq n < 105$ であるから，

$70a + 21b + 15c$

を 105 で割った余りは n となる．■

解法のポイント

● 1　本問は「**百五減算**」とよばれるものを背景としている．

● 2　一般に，中国剰余定理は，n 個の元についても成り立つ．

〈中国剰余定理〉
$x \equiv a_1 \pmod{m_1}$
$x \equiv a_2 \pmod{m_2}$
　　　　$\vdots$
$x \equiv a_r \pmod{m_r}$
の解は，$M = m_1 m_2 \cdots m_r$ を法としてただひとつ存在する．

● 3　たとえば，「3 で割ると 2 余り，5 で割ると 3 余るような整数 n を求めよ」ならば，

$n = 3x + 2$, $n = 5y + 3$　より，

$3x + 2 = 5y + 3 \iff 3x - 5y = 1 \iff 30x - 21 = 50y - 11$

∴　$(x, y) = (5k + 2, 3k + 1)$, $n = 15k + 8$．と表されるので，
中国剰余定理よりいえる
「0 以上 15（$= 3 \cdot 5$）未満の範囲にただ 1 つ存在する」
が理解できる．

解法のフロー

中国剰余定理に関する問題 ▷ **乗法の表現**から題意の条件を立式する ▷ **同値関係を崩さない**ように式変形をする

演習 10-2

3 で割ると 2 余り，5 で割ると 3 余り，11 で割ると 9 余る正の整数のうちで，1000 を超えない最大のものを求めよ．　　　　　　（早稲田大）

例題 10-3 フェルマーの小定理

素数 p と $1 \leq r \leq p-1$ なる整数 r に対して，次の問に答えよ．

(1) 等式 $r {}_p C_r = p \cdot {}_{p-1}C_{r-1}$ を証明せよ．
(2) ${}_p C_r$ は p の倍数であることを示せ．
(3) 素数 p に対して 2^p を p で割った余りを求めよ． （奈良女子大）

● ヒント 「${}_p C_r$ は p の倍数であること」
→ **フェルマーの小定理**との関連に注意しながら証明を進めよう！

── ▶ 解答 ◀ ──

(1) $\displaystyle r \cdot {}_p C_r = r \cdot \frac{p!}{r!(p-r)!} = \frac{p!}{(r-1)!(p-r)!}$

$\displaystyle = p \cdot \frac{(p-1)!}{(r-1)!(p-r)!}$

$= p \cdot {}_{p-1}C_{r-1}$ ∎

(2) $r \cdot {}_p C_r = p \cdot {}_{p-1}C_{r-1}$ において，
右辺は p の倍数なので，
左辺の $r \cdot {}_p C_r$ も p の倍数．
p は素数で，$1 \leq r \leq p-1$ より，r と p は互いに素である．
∴ ${}_p C_r$ は p の倍数． ∎

(3) $2^p = (1+1)^p$ ……①

$= {}_p C_0 + {}_p C_1 + {}_p C_2 + \cdots + {}_p C_{p-1} + {}_p C_p$

$= 1 + {}_p C_1 + {}_p C_2 + \cdots + {}_p C_{p-1} + 1$

$= 2 + ({}_p C_1 + \cdots + {}_p C_{p-1})$

(2)より，${}_p C_1 \sim {}_p C_{p-1}$ はそれぞれ p の倍数なので，
2^p を p で割った余りは，
　$p=2$ のとき 0，$p \neq 2$ のとき 2

解法のポイント

● 1　(1)は

p 人から r 人選び，r 人からリーダーを選ぶことを考えて，

(左辺)=「p 人から r 人を選ぶ（${}_pC_r$）」
　　　　　×「その r 人からリーダーを選ぶ（${}_rC_1$）」

(右辺)=「p 人からリーダーを選ぶ（${}_pC_1$）」
　　　　　×「残り $p-1$ 人から残りのメンバーを選ぶ（${}_{p-1}C_{r-1}$）」

と考えても良い．（『単元攻略　場合の数・確率』参照）

● 2　整数問題においては，①のような**二項展開**が，有効な解法となることがある．

● 3　本問は

〈フェルマーの小定理〉

　p が素数で，a と p と互いに素な自然数のとき，
　　$a^{p-1} \equiv 1 \pmod{p}$

を背景にしている．

解法のフロー

フェルマーの小定理に関する問題　▶　C の性質を考える　▶　二項定理なども利用する

演習 10-3

素数 p と $1 \leq r \leq p-1$ なる整数 r に対して，二項係数 ${}_pC_r$ は p の倍数であることを利用して，n が正の整数のとき，$n^p - n$ が p で割りきれることを示せ．

Memo

発展演習

発展演習 1

自然数 a, b, c が $3a=b^3$, $5a=c^2$ を満たし，d^6 が a を割り切るような自然数 d は $d=1$ に限るとする．
(1) a は3と5で割り切れることを示せ．
(2) a の素因数は3と5以外にないことを示せ．
(3) a を求めよ． （東京工業大）

発展演習 2

3以上9999以下の奇数 a で，a^2-a が10000で割り切れるものをすべて求めよ． （東京大）

発展演習 3

k, x, y は自然数とする．三角形の3辺の長さが $\dfrac{k}{x}$, $\dfrac{k}{y}$, $\dfrac{1}{xy}$ で，周の長さが $\dfrac{25}{16}$ である．k, x, y を求めよ． （一橋大）

発展演習 4

$_{2015}\mathrm{C}_k$ が偶数となる最小の k を求めよ. （東京大）

発展演習 5

自然数 a, b, c, d が $a^2+b^2+c^2=d^2$ を満たしている.
(1) d が3で割り切れるならば, a, b, c はすべて3で割り切れるか, a, b, c のどれも3で割り切れないかのどちらかであることを示せ.
(2) a, b, c のうち偶数が少なくとも2つあることを示せ. （横浜国大）

発展演習 6

4個の整数 $n+1$, n^3+3, n^5+5, n^7+7 がすべて素数となるような正の整数 n は存在しない．これを証明せよ． （大阪大）

発展演習 7

n は2以上の自然数，p は素数，$a_0, a_1, \ldots, a_{n-1}$ は整数とし，n 次式
$f(x) = x^n + pa_{n-1}x^{n-1} + \cdots + pa_i x^i + \cdots + pa_0$ を考える．

(1) 方程式 $f(x)=0$ が整数解 α をもてば，α は p で割り切れることを示せ．

(2) a_0 が p で割り切れなければ，方程式 $f(x)=0$ は整数解をもたないことを示せ． （京都大）

発展演習 8#

自然数 n に対し，$\dfrac{10^n-1}{9} = \overbrace{111\cdots111}^{n個}$ を $\boxed{n}$ で表す．m を0以上の整数とするとき，$\boxed{3^m}$ は 3^m で割り切れるが，3^{m+1} では割り切れないことを示せ． （東京大）

発展演習 9

平面座標上の各格子点を中心として半径 r の円が描かれており，傾き $\dfrac{2}{5}$ の任意の直線はこれらの円のどれかと共有点をもつという．このような性質をもつ実数 r の最小値を求めよ． （東京大）

発展演習 10

選択肢から最も適切なものを選べ．なお，ア，エ，オ，シ，セは(1)～(9)，それ以外は(10)～(35)から選べ．

自然数 n を素数 p で割った余りを $M_p(n)$ で表すことにする．また $p-1$ 以下の自然数 x, y に対して，$x\bigcirc y = M_p(xy)$ と演算 $\bigcirc$ を定義する．ただし右辺の xy は通常の積である．たとえば，$M_{11}(6\times{}^{ア}\boxed{})=2$ である．この演算 $\bigcirc$ は交換法則 ${}^{イ}\boxed{}$ や結合法則 ${}^{ウ}\boxed{}$ を満たす．ここで x, y, z は $p-1$ 以下の自然数である．

次の命題はフェルマーの小定理とよばれている．

命題 自然数 a と素数 p が互いに素ならば a^{p-1} を p で割った余りは1である．

この命題を証明しよう．上の記号を用いれば $M_p({}^{エ}\boxed{})={}^{オ}\boxed{}$ を示せばよい．

以下，M_p の添字 p は省略する．x, y を $p-1$ 以下の自然数とする．

$M(ax)=M(ay)$ ならば $a(x-y)$ は ${}^{カ}\boxed{}$ の ${}^{キ}\boxed{}$ となる．よって $x=y$ でなければならない．この ${}^{ク}\boxed{}$ を考えれば，${}^{ケ}\boxed{}$ ならば ${}^{コ}\boxed{}$ である．このことから

$$M(1a), M(2a), \ldots, M((p-1)a)$$

は異なった自然数である．よって

$$M(1a)\bigcirc M(2a)\bigcirc\cdots\bigcirc M((p-1)a)=1\bigcirc 2\bigcirc\cdots\bigcirc {}^{サ}\boxed{}$$

となる．一方，M の性質を使えば

$$M(1a)\bigcirc M(2a)\bigcirc\cdots\bigcirc M((p-1)a)=M({}^{シ}\boxed{})\bigcirc 1\bigcirc 2\bigcirc\cdots\bigcirc {}^{ス}\boxed{}$$

となる．$x\bigcirc y=y$ のとき，$x={}^{セ}\boxed{}$ となることに注意すれば，$M({}^{エ}\boxed{})={}^{オ}\boxed{}$ を得る．

[選択肢]

(1) 1 (2) 2 (3) 3 (4) 4 (5) 0 (6) a (7) a^{p-1} (8) a^p (9) a^{p+1} (10) $x-y$
(11) $x\bigcirc y$ (12) xy (13) $x+y$ (14) $x\neq y$ (15) $M(ax)=M(ay)$ (16) $x=y$
(17) $p+1$ (18) p (19) $p-1$ (20) $M(ax)\neq M(ay)$ (21) 逆 (22) 対偶 (23) 裏
(24) 否定 (25) 矛盾 (26) 倍数 (27) 約数 (28) 素数 (29) 互いに素
(30) $p-1$ 以下 (31) $x\bigcirc y=0$ (32) $x\bigcirc y=y\bigcirc x$ (33) $x\bigcirc y\bigcirc z=y\bigcirc z\bigcirc x=z\bigcirc x\bigcirc y$
(34) $x\bigcirc(y\bigcirc z)=(x\bigcirc y)\bigcirc z$ (35) $x\bigcirc(y+z)=x\bigcirc y+x\bigcirc z$

(慶応義塾大)

▶著者プロフィール◀

松田 聡平（まつだ そうへい）

東進ハイスクール・東進衛星予備校，河合塾，
Benesse お茶の水ゼミナール　数学講師．
(株) 建築と数理　代表取締役社長．
京都市生まれ．東京大学大学院工学系研究科博士課程満期．
全国の数万人の受験生を対象に，基礎レベルから東大レベルまでを担当し，特に上位層からは，その「射程の長い，本質的な数学」は高い評価を得ている．
教育コンサルタント，イラストレーターとしても活躍．
著書の『松田の数学ⅠAⅡB 典型問題 Type100』(東進ブックス) は，受験生必携の書．

整数問題　解法のパターン30

2015年11月20日　初版　第1刷発行

著　者	松田 聡平
発行者	片岡　巌
発行所	株式会社技術評論社
	東京都新宿区市谷左内町21-13
	電話　03-3513-6150　販売促進部
	03-3267-2270　書籍編集部
印刷／製本	昭和情報プロセス株式会社

定価はカバーに表示してあります．

本書の一部または全部を著作権法の定める範囲を超え，無断で複写，複製，転載，テープ化，ファイルに落とすことを禁じます．

©2015　(株)建築と数理

造本には細心の注意を払っておりますが，万一，乱丁（ページの乱れ）や落丁（ページの抜け）がございましたら，小社販売促進部までお送りください．送料小社負担にてお取り替えいたします．

●装丁　下野ツヨシ（ツヨシ＊グラフィックス）
●本文デザイン，DTP　株式会社 RUHIA

ISBN978-4-7741-7657-4　C7041

Printed in Japan

単元攻略 整数問題 解法のパターン 30

● 別冊

演習と発展演習の
解答・解説

技術評論社

演習 1-1

1以上1000以下の整数全体の集合をAとする.

(1) Aのうちに，2の倍数は ア□ 個，3の倍数は イ□ 個，6の倍数は ウ□ 個あり，2の倍数のうちで3の倍数とならない数は エ□ 個ある．

(2) $\sqrt{1000}$ の整数部分は オ□ であるから，Aのうちに，平方数（整数の2乗となる数）は カ□ 個，立方数（整数の3乗となる数）は キ□ 個，また，整数の6乗になる数は ク□ 個あり，平方数のうちで立方数ではない数は ケ□ 個ある．

(近畿大)

● ヒント　集合と要素に関する問題は，ベン図を描いて考えよう！

▶解答◀

(1) $\dfrac{1000}{2} = 500$ から 2の倍数は 500 個，

$\left[\dfrac{1000}{3}\right] = 333$ から 3の倍数は 333 個，

$\left[\dfrac{1000}{6}\right] = 166$ から 6の倍数は 166 個．

∴ 2の倍数のうち3の倍数でないのは
$500 - 166 = 334$ （個）

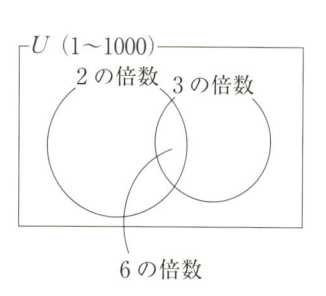

(2) $31^2 = 961$, $32^2 = 1024$ より $31 < \sqrt{1000} < 32$

∴ $\sqrt{1000}$ の整数部分は 31

$[\sqrt{1000}] = 31$　∴　平方数は 31 個．

$\sqrt[3]{1000} = 10$　∴　立方数は 10 個．

$3^6 = 729$, $4^6 = 4096$ より

よって，整数の6乗になる数は 3 個．

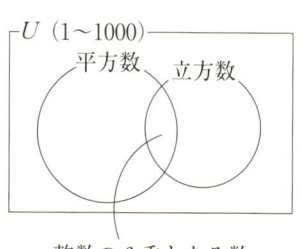

∴　平方数のうちで立方数でないのは　$31 - 3 = 28$ （個）

演習 1-2

I 　$9 < [\sqrt{n}] < 13$ であるような自然数 n は何個あるか．

II 　12^n の正の約数の個数が 28 個となるような自然数 n を求めよ．(慶応義塾大)

III 　2190 と 511 の最大公約数 G と最小公倍数 L を求めよ．

IV 　ある正の整数を 3 進法と 5 進法で表すと，どちらも 2 ケタの数で，各位の数の並び方はちょうど逆になるという．この整数を 10 進法で表せ．
(防衛医大)

● ヒント 　I 　ガウス記号の定義 　$[x] = a \iff a \le x < a+1$
　　　　　　　　　　　　　　　　　　　　　$\iff x - 1 < a \le x$ 　から考えよう！

　　　II 　約数の個数を求める式から考えよう！

　　　III 　一般に，$a = a'G$, $b = b'G$, $L = a'b'G$ が成立することを用いよう！

　　　IV 　n 進法の考え方を用いよう！

── ▶ 解答 ◀ ──

I 　$[\sqrt{n}]$ は整数であるから，$[\sqrt{n}] = 10, 11, 12$.

よって，$10 \le \sqrt{n} < 13 \iff 100 \le n < 169$

n は自然数であるから，$100 \le n \le 168$ 　∴ 　n の個数は 69 個．

II 　$12^n = (2^2 \cdot 3)^n = 2^{2n} \cdot 3^n$ であるから，12^n の正の約数が 28 個のとき
$$(2n+1)(n+1) = 28$$
整理すると 　$2n^2 + 3n - 27 = 0 \iff (2n+9)(n-3) = 0$

n は自然数であるから 　$n = 3$

III 　$(2190, 511) = (2190 - 511 \cdot 4, 511) = (146, 511) = (146, 511 - 146 \cdot 3) = (146, 73) = 73$

よって，$G = 73$.

$2190 = 30 \cdot 73$, $511 = 7 \cdot 73$ より，$L = 30 \cdot 7 \cdot 73 = 15330$.

IV 　$ab_{(3)} = ba_{(5)}$ $(0 \le a \le 2, 0 \le b \le 2)$ とすると，
$$3a + b = 5b + a \iff a = 2b$$

よって，$(a, b) = (1, 2)$

　　∴ 　10 進法で表すと 　$12_{(3)} = 5_{(10)}$

演習 1-3

Ⅰ 自然数 m, n が $\dfrac{12^m}{2187} = \dfrac{256}{18^n}$ を満たすとき，m，n の値を求めよ．

(愛知工業大)

Ⅱ (1) x, y, z, a を自然数とするとき，$175x = 1323y = 5832z = a^2$ を満たす最小の a の値を求めよ．

(2) $\dfrac{m}{175}$, $\dfrac{m^2}{1323}$, $\dfrac{m^3}{5832}$ がすべて整数となるような自然数 m のうち，最小のものを求めよ．

(東京理科大)

● ヒント　ⅠⅡ 素因数分解して，素因数の指数の条件から考えていこう！

――▶ 解答 ◀――

Ⅰ　$\dfrac{12^m}{2187} = \dfrac{256}{18^n} \iff \dfrac{(2^2 \cdot 3)^m}{3^7} = \dfrac{2^8}{(2 \cdot 3^2)^n}$

分母を払って，$(2^2 \cdot 3)^m \cdot (2 \cdot 3^2)^n = 2^8 \cdot 3^7 \iff 2^{2m+n} \cdot 3^{m+2n} = 2^8 \cdot 3^7$

よって，$2m + n = 8$，$m + 2n = 7$

∴ 自然数 m，n は，$(m, n) = (3, 2)$．

Ⅱ (1)　$175x = 1323y = 5832z = a^2$

$\iff 5^2 \cdot 7x = 3^3 \cdot 7^2 y = 2^3 \cdot 3^6 z = a^2$

a^2 の素因数の指数は偶数であるので，

最小の a^2 は　$a^2 = 2^4 \cdot 3^6 \cdot 5^2 \cdot 7^2$．

∴ 最小の a は，$a = 2^2 \cdot 3^3 \cdot 5 \cdot 7 = 3780$

(2)　$\dfrac{m}{175} = \dfrac{m}{5^2 \cdot 7}$ より，m の素因数には $5^2 \cdot 7$ が含まれる．

$\dfrac{m^2}{1323} = \dfrac{m^2}{3^3 \cdot 7^2}$ より，m の素因数には $3^2 \cdot 7$ が含まれる．

$\dfrac{m^3}{5832} = \dfrac{m^3}{2^3 \cdot 3^6}$ より，m の素因数には $2 \cdot 3^2$ が含まれる．

∴ 最小の m は，$m = 2 \cdot 3^2 \cdot 5^2 \cdot 7 = 3150$

演習 2-1

Ⅰ 整数 a, b が $2a+3b=42$ を満たすとき，ab の最大値を求めよ．

(早稲田大)

Ⅱ $25m+17n=1623$ をみたす整数 m, n を求めよ． (慶応義塾大)

● ヒント　Ⅰ 1次不定方程式を解いて，一般解を求め，ab を関数化して考えよう！

Ⅱ 大きな数をうまく処理して，特殊解を見つけよう！

▶解答 1◀

Ⅰ $2a+3b=42 \Leftrightarrow 2a=3(14-b)$

2と3は互いに素であるから $(a, b)=(3k, 14-2k)$ （k は整数）．

$$ab=3k(14-2k)=-6k^2+42k=-6\left(k-\frac{7}{2}\right)^2+\frac{147}{2}$$

k は整数であるから $k=3, 4$ のとき最大値をとる．

∴ $(a, b)=(9, 8), (12, 6)$ のとき最大値 72

Ⅱ 7の倍数を考えると，7, 14, 21, 28, 35, 42, 49, 56, 63

一の位を考えて，特殊解を探すと，$n=4, 9, 14, 19, 24, 29, 34, 39\cdots$ が候補.

これらから特殊解を求めると，$n=19, m=52$

$$25m+17n=1623 \Leftrightarrow 25(m-52)=-17(n-19)$$

∴ $(m, n)=(17k+52, -25k+19)$ （k は整数）．

▶解答 2◀

Ⅱ $25m+17n=1623 \Leftrightarrow 25m+17(n+1)=1640$

$25m$ は，下2桁が 00, 25, 50, 75 のいずれかであることより，

$n+1=20$ として $25m=1300$，よって $m=52$ が特殊解として求まる．（以下同様）

▶解答 3◀

Ⅱ $25m+17n=1623 \Leftrightarrow 25(m-65)+17n=-2 \Leftrightarrow 25m'+17n=-2$

$\Leftrightarrow 8m'+17(n+m')=-2$

$\Leftrightarrow 8m'+17n'=-2$

$\Leftrightarrow 8(m'+2n')+n'=-2$

∴ $(m'+2n', n')=(1, -10) \Leftrightarrow (m', n')=(21, -10)$

$\Leftrightarrow (m', n)=(21, -31)$

$\Leftrightarrow (m, n)=(86, -31)$ （以下同様）

演習 2-2

I (1) $xy = 4x - y + 28$ を満たす自然数 x, y の組 (x, y) は全部で何組あるか．
　　　　　　　　　　　　　　　　　　　　　　　　　　　　　　　　　　（上智大）

(2) $x^2 - y^2 = 2009$ を満たす自然数 x, y の組をすべて求めよ．（横浜国大）

II $\dfrac{4}{x} + \dfrac{9}{y} = 1$ を満たす自然数の組 (x, y) は何組あるか．また，そのうちで x が最大の組を求めよ．
　　　　　　　　　　　　　　　　　　　　　　　　　　　　　　　　　　（上智大）

● ヒント　I　因数分解崩れを行い，積の形にして，振り分けを考えよう！
　　　　　II　分母を払って整理して，積の形をつくろう！

— ▶ 解答 ◀ —

I (1) $xy = 4x - y + 28 \iff (x+1)(y-4) = 24$

右表より，これをみたす整数 (x, y) は 7 組．

$x+1$	$y-4$
2	12
3	8
4	6
6	4
8	3
12	2
24	1

(2) 与式は $(x-y)(x+y) = 7^2 \cdot 41$

x, y は正であるから $x - y < x + y$

右表より，$(x-y, x+y) = (1, 2009), (7, 287), (41, 49)$

∴ $(x, y) = (1005, 1004), (147, 140), (45, 4)$

$x-y$	$x+y$
1	2009
7	287
41	49

II $x \neq 0, y \neq 0$ より，

$$\dfrac{4}{x} + \dfrac{9}{y} = 1 \iff 4y + 9x = xy$$
$$\iff (x-4)(y-9) = 36$$

$x > 0, y > 0$ から $x - 4 > -4, y - 9 > -9$

右表より，これをみたす正の整数の組 (x, y) は 9 組．

x が最大のものは $(x-4, y-9) = (36, 1)$ の組．

∴ $(x, y) = (40, 10)$

$x-4$	$y-9$
1	36
2	18
3	12
4	9
6	6
9	4
12	3
18	2
36	1

* I $x = -1 + \dfrac{24}{y-4}$ と変形して，$y-4$ が 24 の約数となることから考えてもよい．

演習 2-3

Ⅰ　2つの自然数 n, k の間に関係 $n^2 = k^2 + 25$ があるとき，n の値を求めよ．
(早稲田大)

Ⅱ　n が自然数であるとき，$2^n - 1$ が素数ならば n も素数であることを証明せよ．

● ヒント　Ⅰ　積の形をつくって，絞り込んでから振り分ける
　　　　　Ⅱ　ある素数を積の形にしたとき，$p = 1 \cdot p$ の形にしかならないことを利用しよう！

— ▶ 解答 ◀ —

Ⅰ　$n^2 - k^2 = 25$ から　$(n-k)(n+k) = 25$

n, k は自然数であるから　$0 < n-k < n+k$

右表より，$(n-k, n+k) = (1, 25)$

$n-k$	$n+k$
1	25

∴　$n = 13$

Ⅱ　対偶の命題

「n が素数でないならば，$2^n - 1$ が素数でない」　…①

を示す．

n が素数でないとき，n は合成数なので，

$n = pq$（p, q は 2 以上の自然数，$p < q$）と表される．

$$2^n - 1 = 2^{pq} - 1 = (2^p)^q - 1^q$$
$$= (2^p - 1)(2^{pq-p} + 2^{pq-p-1} + \cdots + 1^{q-1})$$

ここで，

$$2^p - 1 \geq 3, \quad 2^{pq-p} + 2^{pq-p-1} + \cdots + 1 \geq 31$$

であるので，$2^n - 1$ は素数でない．よって①は示された．

＊　Ⅱ は対偶証明法を用いている．

演習 3-1

I (1) $x+2y+3z=10$ を満たす自然数の組 (x, y, z) の個数を求めよ．

(2) $3x^2+y^2+5z^2-2yz-12=0$ を満たす 0 以上の整数の組 (x, y, z) をすべて求めよ． (愛媛大)

II $x^2+2y^2+2z^2-2xy-2xz+2yz-5=0$ を満たす自然数の組 (x, y) を求めよ． (京都大)

● ヒント I （平方数）$\geqq 0$ の条件を用いて絞り込んで考えよう！

II 一つの文字について，存在条件（実数条件）から絞り込んで考えよう！

― ▶ 解答 ◀ ―

I (1) $x+2y+3z=10$ $\Leftrightarrow$ $3z=10-x-2y$ $\therefore$ $z=1, 2$

(i) $z=1$ のとき $x+2y=7$ $\therefore$ $y=1, 2, 3$ よって，(x, y, z) は 3 組．

(ii) $z=2$ のとき $x+2y=4$ $\therefore$ $y=1$ よって，(x, y, z) は 1 組．

(i)(ii)より，求める自然数の組の総数は 4 組．

(2) $3x^2+y^2+5z^2-2yz-12=0$ $\Leftrightarrow$ $3x^2+(y-z)^2+4z^2=12$

よって，$z^2 \leqq 3$．z^2 は平方数であるから，$z=0, 1$

(i) $z=0$ のとき $3x^2+y^2=12$ よって，$x^2 \leqq 4$ $\therefore$ $x=0, 1, 2$

$x=0, z=0$ のとき，整数 y は存在しない．

$x=1, z=0$ のとき，$y=3$． $x=2, z=0$ のとき，$y=0$．

(ii) $z=1$ のとき $3x^2+(y-1)^2=8$ このとき，整数 x, y は存在しない．

(i)(ii)より，$(x, y, z)=(1, 3, 0), (2, 0, 0)$ （複号任意）

II x について整理すると $x^2-2(y+z)x+2y^2+2z^2+2yz-5=0$ …①

判別式 $D_x/4=(y+z)^2-(2y^2+2z^2+2yz-5) \geqq 0$

$\Leftrightarrow$ $-y^2-z^2+5 \geqq 0$ $\Leftrightarrow$ $y^2+z^2 \leqq 5$

$\therefore$ $(y, z)=(1, 1), (1, 2), (2, 1)$

$(y, z)=(1, 1)$ のとき，①は自然数解 x をもたない．

$(y, z)=(1, 2), (2, 1)$ のとき，①は自然数解は $x=3$．

$\therefore$ $(x, y, z)=(3, 2, 1), (3, 1, 2)$

* II 与式を $(x-y-z)^2+y^2+z^2=5$ と変形して考えてもよい．

演習 3-2

Ⅰ　$x \geq y \geq z \geq 3$ かつ $\dfrac{1}{x} + \dfrac{1}{y} + \dfrac{1}{z} \geq \dfrac{5}{6}$ を満たす自然数 x, y, z の値を求めよ. 　　　　　　　　　　　　　　　　　　　　　　　　　　（琉球大）

Ⅱ　$0 < x \leq y \leq z$ である整数 x, y, z について, $xyz = x + y + z$ を満たす整数 x, y, z をすべて求めよ. 　　　　　　　　　　　　　　　　　　（同志社大）

● ヒント　Ⅰ　すり替えを行って, 絞り込んで考えよう！
　　　　　Ⅱ　(1) 積の形をつくって考えよう！
　　　　　　　(2) 大小関係を使って, すり替えを行おう！

— ▶ 解答 ◀ —

Ⅰ　$\dfrac{1}{x} \leq \dfrac{1}{y} \leq \dfrac{1}{z}$ …① より　$\dfrac{1}{x} + \dfrac{1}{y} + \dfrac{1}{z} \leq \dfrac{3}{z}$　∴　$\dfrac{5}{6} \leq \dfrac{3}{z}$　⇔　$z \leq \dfrac{18}{5}$

$x \geq y \geq z \geq 3$ より, $z = 3$.

$z = 3$ のとき, $\dfrac{1}{x} + \dfrac{1}{y} + \dfrac{1}{3} \geq \dfrac{5}{6}$　⇔　$\dfrac{1}{x} + \dfrac{1}{y} \geq \dfrac{1}{2}$

　　　　　　　　　　　　　①より, $\dfrac{1}{2} \leq \dfrac{2}{y}$　⇔　$y \leq 4$　∴　$y = 3, 4$

（ⅰ）$y = z = 3$ のとき, $\dfrac{1}{x} + \dfrac{1}{3} + \dfrac{1}{3} \geq \dfrac{5}{6}$　⇔　$\dfrac{1}{x} \geq \dfrac{1}{6}$　⇔　$x \leq 6$

　　　　　　　　　　　　　　　　　　　　　　　　　　∴　$x = 3, 4, 5, 6$

（ⅱ）$y = 4, z = 3$ のとき, $\dfrac{1}{x} + \dfrac{1}{4} + \dfrac{1}{3} \geq \dfrac{5}{6}$　⇔　$\dfrac{1}{x} \geq \dfrac{1}{4}$　⇔　$x \leq 4$

　　　　　　　　　　　　　　　　　　　　　　　　　　　　　　　∴　$x = 4$

∴　$(x, y, z) = (3, 3, 3), (4, 3, 3), (4, 4, 3), (5, 3, 3), (6, 3, 3)$

Ⅱ　$0 < x \leq y \leq z$ であるから　$xyz = x + y + z \leq 3z$　⇔　$xy \leq 3$

よって, $(x, y) = (1, 1), (1, 2), (1, 3)$

$(x, y) = (1, 1)$ のとき　$z = 2 + z$　これを満たす z は存在しない.

$(x, y) = (1, 2)$ のとき　$2z = 3 + z$　∴　$z = 3$

$(x, y) = (1, 3)$ のとき　$3z = 4 + z$　$0 < x \leq y \leq z$ より z は存在しない.

　　∴　$(x, y, z) = (1, 2, 3)$

演習 3-3

Ⅰ　a と b を自然数とする．任意の自然数 n に対して，$\dfrac{n^3+an-2}{n^2+bn+2}$ の値が整数となるように，a，b の値を定めよ．　　　　　（高知大）

Ⅱ　$\dfrac{4x}{x^2+2x+2}$ が整数となるような整数 x を求めよ．　　　　　（東北学院大）

● ヒント　Ⅰ　特別な n での成立から考えよう！

　　　　　Ⅱ　n を整数として，$\dfrac{4x}{x^2+2x+2}=n$ から，整数 x の実数条件を考えよう！

—▶ 解答 ◀—

Ⅰ　$f(n)=\dfrac{n^3+an-2}{n^2+bn+2}$ とおく．$f(1)=\dfrac{a-1}{b+3}$, $f(2)=\dfrac{a+3}{b+3}$ がともに整数であるから $f(2)-f(1)=\dfrac{4}{b+3}$ も整数．

b は正の整数であるから　$b=1$

$$f(n)=\dfrac{n^3+an-2}{n^2+n+2}=n-1+\dfrac{(a-1)n}{n^2+n+2}$$

すべての自然数 n に対して $f(n)$ が整数となるためには $a=1$．

　∴　$a=1$, $b=1$

Ⅱ　$\dfrac{4x}{x^2+2x+2}=n$ （n は整数）とすると

$$4x=nx^2+2nx+2n \iff nx^2+2(n-2)x+2n=0$$

（ⅰ）$n=0$ のとき　$-4x=0$　より，$x=0$

（ⅱ）$n\neq 0$ のとき

　$D/4=(n-2)^2-2n^2=-n^2-4n+4\geqq 0 \iff -2-2\sqrt{2}\leqq n\leqq -2+2\sqrt{2}$

　　∴　$n=-4, -3, -2, -1$

　$n=-4$ のとき，$x^2+3x+2=(x+1)(x+2)=0 \iff x=-1, -2$

　$n=-3$ のとき，$-3x^2-10x-6=0$　みたす整数解 x は存在しない．

　$n=-2$ のとき，$-2x^2-8x-4=0$　みたす整数解 x は存在しない．

　$n=-1$ のとき，$-x^2-6x-2=0$　みたす整数解 x は存在しない．

　以上より，$x=-1, -2$

演習 4-1

(1) 整数 n に対して，$2n^3 - 3n^2 + n$ が 6 の倍数であることを示せ．
(2) 整数 m, n に対して，$m^3 n - m n^3$ が 6 の倍数であることを示せ．

● ヒント　連続整数の積の形ができるように，式変形をしよう！

―▶ 解答 1 ◀―

(1) $2n^3 - 3n^2 + n = n(2n^2 - 3n + 1) = n(n-1)(2n-1) = n(n-1)((n-2) + (n+1))$
$\qquad\qquad\qquad\qquad = (n-2)(n-1)n + (n-1)n(n+1)$

$(n-2)(n-1)n$, $(n-1)n(n+1)$ は連続 3 整数の積なので，6 の倍数.
よって，$2n^3 - 3n^2 + n$ は 6 の倍数. ∎

(2) $m^3 n - m n^3 = n(m^3 - m) + nm - m n^3 = n(m^3 - m) - m(n^3 - n)$
$\qquad\qquad\quad = n(m-1)m(m+1) - m(n-1)n(n+1)$

$(m-1)m(m+1)$, $(n-1)n(n+1)$ は連続 3 整数の積なので，6 の倍数.
よって，$2n^3 - 3n^2 + n$ は 6 の倍数. ∎

―▶ 解答 2 ◀―

(1)（ⅰ）$n \equiv 0 \pmod{2}$ のとき，$2n^3 - 3n^2 + n \equiv 0 \pmod 2$
　（ⅱ）$n \equiv 1 \pmod{2}$ のとき，$2n^3 - 3n^2 + n \equiv 0 \pmod 2$
また，
　（ⅰ）$n \equiv 0 \pmod{3}$ のとき，$2n^3 - 3n^2 + n \equiv 0 \pmod 3$
　（ⅱ）$n \equiv 1 \pmod{3}$ のとき，$2n^3 - 3n^2 + n \equiv 0 \pmod 3$
　（ⅲ）$n \equiv -1 \pmod{3}$ のとき，$2n^3 - 3n^2 + n \equiv 0 \pmod 3$
以上より，$2n^3 - 3n^2 + n$ は 6 の倍数. ∎

(2) $m^3 n - m n^3 = mn(m+n)(m-n)$ において，
　（ⅰ）$(m, n) \equiv (1, 1) \pmod{3}$ のとき，$m - n \equiv 0 \pmod 3$
　（ⅱ）$(m, n) \equiv (1, -1) \pmod{3}$ のとき，$m + n \equiv 0 \pmod 3$
　（ⅲ）$(m, n) \equiv (-1, 1) \pmod{3}$ のとき，$m + n \equiv 0 \pmod 3$
　（ⅳ）$(m, n) \equiv (-1, -1) \pmod{3}$ のとき，$m - n \equiv 0 \pmod 3$
よって，$mn(m+n)(m-n)$ は 3 の倍数.
　また，m, n, $m+n$, $m-n$ すべてが奇数になることはないので，$mn(m+n)(m-n)$ は偶数．以上より，$m^3 n - m n^3$ は 6 の倍数. ∎

演習 4-2

任意の整数 n に対し，$n^5 - n^3$ は 24 で割り切れることを示せ．（京都大）

● ヒント　任意の整数 n に対しての証明なので，3 を法とした剰余類を用いて証明しよう！

解答 1

$$n^5 - n^3 = n^3(n^2 - 1)$$
$$= n^3(n-1)(n+1)$$
$$= (n-1)n(n+1)n^2 \quad \cdots ①$$

（ⅰ）n が偶数のとき，

①の $(n-1)n(n+1)$ は連続 3 整数の積なので 6 の倍数．

また，①の n^2 が 4 の倍数．

よって，$n^5 - n^3$ は 24 の倍数となる．

（ⅱ）n が奇数のとき，

①の $(n-1)n(n+1)$ は連続 3 整数の積なので 3 の倍数．

また，$n-1$，$n+1$ は連続する偶数なので，どちらか一方が 4 の倍数．

よって，$(n-1)n(n+1)$ は 24 の倍数．

（ⅰ）（ⅱ）より，$n^5 - n^3$ は 24 の倍数．　■

解答 2

$$n^5 - n^3 = (n-1)n(n+1)n^2$$
$$= (n-2)(n-1)n(n+1)(n+2) + 4(n-1)n(n+1)$$

$(n-2)(n-1)n(n+1)(n+2)$ は連続 5 整数の積なので $5! = 120$ の倍数．

また，$(n-1)n(n+1)$ は連続 3 整数の積なので 6 の倍数．

よって，$4(n-1)n(n+1)$ は 24 の倍数．

以上より，$n^5 - n^3$ は 24 の倍数．　■

演習 4-3

n を自然数とするとき，n^2 と 2^{n+1} は互いに素であることを示せ．

（千葉大）

● ヒント　互いに素であることを示すために，1 以外の公約数をもたない ことを証明しよう！

―▶ 解答 ◀―

n^2 と $2n+1$ の公約数を d とすると，
$$n^2 = da \quad \cdots ① \qquad 2n+1 = db \quad \cdots ② \qquad (a,\ b\ \text{は整数})$$
②より，$2n+1 = db \iff n = \dfrac{db-1}{2}$

①に代入して，
$$n^2 = da = \left(\dfrac{db-1}{2}\right)^2$$

両辺 4 倍して，
$$4da = d^2 b^2 - 2db + 1$$
$$\iff d(4a - db^2 + 2b) = 1$$

ここで，d，$4a - db^2 + 2b$ はともに整数なので，$d = 1$．

∴　n^2 と $2n+1$ は互いに素である．■

---

*　一般に，2 数が「互いに素」を示すためには，公約数 d を用いて 2 数を表現し，$d=1$ を示す方向で考えるとよい．

演習 5-1

(1) 2000^{2000} を 12 で割ったときの余りを求めよ． （早稲田大）

(2) 11^{100} を 122 で割った余りを求めよ．

(3) n を自然数とする．$13^n - 8^n - 5^n$ は 40 の倍数であることを証明せよ．

(4) n が 2 以上の自然数のとき，$2^{2^n} - 6$ は 10 で割り切れることを示せ．

● ヒント　(1)(2)　合同式を利用して，小さな数にして計算しよう！

(3)　「5 の倍数」かつ「8 の倍数」であることを示そう！

(4)　n が 2 以上の自然数のとき，$2^n \geqq 4$ であることを利用しよう！

—▶ 解答 1 ◀—

(1) $2000^{2000} \equiv (-4)^{2000} \pmod{12}$

$(-4)^n$ は，mod 12 で

$-4, 4, -4, 4, \cdots$ を繰り返すので，

| mod 12 |
n	1	2	3	4	$\cdots$
$(-4)^n$	-4	4	-4	4	$\cdots$

$2000^{2000} \equiv (-4)^{2000} \equiv 4 \pmod{12}$ ∴ 余りは 4

(2) $11^{100} = (11^2)^{50} \equiv 121^{50} \equiv (-1)^{50} \equiv 1 \pmod{122}$

(3) $13^n - 8^n - 5^n \equiv 3^n - 3^n - 0^n \equiv 0 \pmod 5$

$13^n - 8^n - 5^n \equiv 5^n - 0^n - 5^n \equiv 0 \pmod 8$

∴ $13^n - 8^n - 5^n$ は 40 の倍数．■

(4) n が 2 以上の自然数なので，2^n は 4 の倍数．

$2^n = 4m$（m：自然数）とおける．

$2^{2^n} - 6 = 2^{4m} - 6 = 16^m - 6 \equiv 6^m - 6 \equiv 6 - 6 \equiv 0 \pmod{10}$ ■

—▶ 解答 2 ◀—

(3) $13^n - 8^n = (13-8)(13^{n-1} + 13^{n-2} \cdot 8^1 + 13^{n-3} \cdot 8^2 + \cdots + 8^{n-1}) = 5N_1$（$N_1$ は整数）

∴ $13^n - 8^n - 5^n = 5N_1 - 5^n = 5(N_1 - 5^{n-1})$

$13^n - 5^n = (13-5)(13^{n-1} + 13^{n-2} \cdot 5^1 + 13^{n-3} \cdot 5^2 + \cdots + 5^{n-1}) = 8N_2$（$N_2$ は整数）

∴ $13^n - 8^n - 5^n = 8N_2 - 8^n = 8(N_2 - 8^{n-1})$

よって，$13^n - 8^n - 5^n$ は 24 の倍数．■

13

演習 5-2

Ⅰ　どのような整数 n に対しても，n^2+n+1 は 5 で割り切れないことを示せ．　　　　　　　　　　　　　　　　　　　　　　（学習院大）

Ⅱ　任意の整数 n に対し，n^9-n^3 は 9 で割り切れることを示せ．（京都大）

● ヒント　Ⅰ　5 を法とした剰余類で考えよう！
　　　　　Ⅱ　積の形と，剰余類を用いよう！

──▶ 解答 ◀──

Ⅰ（ⅰ）　$n \equiv 0 \pmod 5$ のとき，$n^2+n+1 \equiv 1 \pmod 5$
　（ⅱ）　$n \equiv 1 \pmod 5$ のとき，$n^2+n+1 \equiv 3 \pmod 5$
　（ⅲ）　$n \equiv 2 \pmod 5$ のとき，$n^2+n+1 \equiv 7 \equiv 2 \pmod 5$
　（ⅳ）　$n \equiv -2 \pmod 5$ のとき，$n^2+n+1 \equiv 3 \pmod 5$
　（ⅴ）　$n \equiv -1 \pmod 5$ のとき，$n^2+n+1 \equiv 1 \pmod 5$
　（ⅰ）〜（ⅴ）より，n^2+n+1 は 5 で割り切れない．■

Ⅱ　$n^9-n^3 = n^3(n^6-1) = n^3(n^3-1)(n^3+1)$
　　　　　　$= (n-1)n(n+1) \cdot n^2(n^2+n+1)(n^2-n+1)$

$(n-1)n(n+1)$ の部分は，連続 3 整数の積なので 6 の倍数．　…①

また，$n^2(n^2+n+1)(n^2-n+1)$ の部分に注目すると，

　（ⅰ）　$n \equiv 0 \pmod 3$ のとき，$n^2 \equiv 0 \pmod 3$
　（ⅱ）　$n \equiv 1 \pmod 3$ のとき，$n^2+n+1 \equiv 3 \equiv 0 \pmod 3$
　（ⅲ）　$n \equiv -1 \pmod 3$ のとき，$n^2-n+1 \equiv 3 \equiv 0 \pmod 3$
（ⅰ）〜（ⅲ）より，$n^2(n^2+n+1)(n^2-n+1)$ は 3 の倍数．　…②

∴　①②より，n^9-n^3 は 9 で割り切れる．■

＊　Ⅱ　mod 9 で考えてもよいが，計算量が多くなる．

演習 5-3

どの2つも互いに素である自然数 a, b, c について，$a^2+b^2=c^2$ が成り立つとき，積 abc が 60 の倍数であることを示せ．

● **ヒント**　60 の倍数であることを示すために，「3 の倍数」「4 の倍数」「5 の倍数」であることを示そう！

▶ **解答** ◀

$\left(\text{例題 5-3 (1)(2) と同様に，}\atop \text{「a と b の一方は 3 の倍数」「a と b の一方は 4 の倍数」を示せる} \right)$ …①

$a^2+b^2=c^2$ …② において，

a, b ともに，5 の倍数でないとすると，

右表より $a^2 \equiv b^2 \equiv 1$ or $4 \pmod{5}$．

よって，（②の左辺）$\equiv 0$ or 2 or $3 \pmod 5$．

mod 5					
n	0	1	2	3	4
n^2	0	1	4	4	1

一方，右表より，2 乗して 2 or 3 と合同となるような整数は存在しない．

よって，$c^2 \equiv 0 \pmod 5$．このとき，c は 5 の倍数．

以上より，a, b, c のいずれかは 5 の倍数となる．

これと①を合わせて，

積 abc が 60 の倍数であることが示せた．■

＊　一般に「ピタゴラス数 (a, b, c) について abc は $a+b+c$ の倍数」も成り立つ．（$a=p^2-q^2, b=2pq, c=p^2+q^2$ より示せる．〈Appendix ②〉）

演習 6-1

n が 3 以上の整数のとき，$x^n + 2y^n = 4z^n$ を満たす整数 x, y, z は $x = y = z = 0$ 以外に存在しないことを証明せよ．

（千葉大）

● ヒント　無限降下法による非存在証明を考えよう！

― ▶解答 ◀ ―

$x = y = z = 0$ でない整数 x, y, z で　$x^n + 2y^n = 4z^n$　…①
を満たすものが存在すると仮定する．

　①　⇔　$x^n = 2(2z^n - y^n)$

　∴　x^n は 2 の倍数であるから，x も 2 の倍数．$x = 2x'$（x' は整数）とおける．
①に代入すると　$2^n x'^n + 2y^n = 4z^n$　…②　　∴　$y^n = 2(z^n - 2^{n-2} x'^n)$
$n \geqq 3$ であるから，右辺は 2 の倍数．

よって，y^n は 2 の倍数であるから，y も 2 の倍数．$y = 2y'$（y' は整数）とおける．

②に代入すると　$2^n x'^n + 2^{n+1} y'^n = 4z^n$　…③　　∴　$z^n = 2(2^{n-3} x'^n + 2^{n-2} y'^n)$
$n \geqq 3$ であるから，右辺は 2 の倍数．

よって，z^n は 2 の倍数であるから，z も 2 の倍数．$z = 2z'$（z' は整数）とおける．

以上から，「①を満たす整数 x, y, z は，すべて 2 の倍数．」…④
ここで，$z = 2z'$ を③に代入すると　$2^n x'^n + 2^{n+1} y'^n = 2^{n+2} z'^n$
両辺を 2^n で割ると　$x'^n + 2y'^n = 4z'^n$
これは，①と同形．

この議論は無限に繰り返せるため，x, y, z は何回でも 2 で割り切れることになる．

しかし，x, y, z を素因数分解したときの 2 の指数は有限であるから不合理．

　∴　$n \geqq 3$ のとき，$x^n + 2y^n = 4z^n$ を満たす整数 x, y, z は $x = y = z = 0$ だけである．■

＊　▶解答 ◀ のような最小性に追い込む証明法を無限降下法という．

演習 6-2

Ⅰ　n を自然数とする．n, $n+2$, $n+4$ がすべて素数であるのは $n=3$ の場合だけであることを示せ． (早稲田大)

Ⅱ　q, $2q+1$, $4q-1$, $6q-1$, $8q+1$ がいずれも素数であるような q をすべて求めよ． (一橋大)

● ヒント　ⅠⅡ　$n=2, 3\cdots$ と代入して，「素数にならなくなる原因」を考えよう！

── ▶ 解答 ◀ ──

Ⅰ（ⅰ）　$n \equiv 0 \pmod{3}$ のとき，3 数のうち $n \equiv 0 \pmod{3}$

（ⅱ）　$n \equiv 1 \pmod{3}$ のとき，3 数のうち $n+2 \equiv 3 \equiv 0 \pmod{3}$

（ⅲ）　$n \equiv -1 \pmod{3}$ のとき，3 数のうち $n+4 \equiv 3 \equiv 0 \pmod{3}$

（ⅰ）〜（ⅲ）より，すべての自然数 n で，n, $n+2$, $n+4$ のいずれかが 3 の倍数．以上から，n, $n+2$, $n+4$ がすべて素数であるのは $n=3$ の場合だけである．■

Ⅱ（ⅰ）　$q \equiv 0 \pmod{5}$ のとき，4 数のうち $q \equiv 0 \pmod{5}$．

（ⅱ）　$q \equiv 1 \pmod{5}$ のとき，4 数のうち $6q-1 \equiv 0 \pmod{5}$．

（ⅲ）　$q \equiv 2 \pmod{5}$ のとき，4 数のうち $2q+1 \equiv 0 \pmod{5}$．

（ⅳ）　$q \equiv -2 \pmod{5}$ のとき，4 数のうち $8q-1 \equiv 0 \pmod{5}$．

（ⅴ）　$q \equiv -1 \pmod{5}$ のとき，4 数のうち $4q-1 \equiv 0 \pmod{5}$．

（ⅰ）〜（ⅴ）より，すべての自然数 q で，q, $2q+1$, $4q-1$, $6q-1$, $8q+1$ のいずれかが 5 の倍数となるので，題意の q は 5 のみ．

演習 6-3

xy 平面において，x 座標，y 座標がともに整数である点 (x, y) を格子点という．いま，互いに異なる 5 個の格子点を任意に選ぶと，その中に次の性質をもつ格子点が少なくとも一対は存在することを示せ．

一対の格子点を結ぶ線分の中点がまた格子点となる．

(早稲田大)

● ヒント 「一対の格子点中点が格子点」
⇔ 「2 点の x 座標同士，y 座標同士の偶奇が一致する」を利用しよう！

――▶ 解答 ◀――

任意の格子点は，以下 4 種類の異なる組のいずれか 1 つに必ず属する．

A：(偶数，奇数)
B：(偶数，偶数) ①
C：(奇数，奇数)
D：(奇数，偶数)

5 つの異なる格子点を選ぶとき，少なくとも 2 点は同じ組．
それら 2 点を結ぶ線分の中点を考えると，
x 座標同士，y 座標同士の偶奇は一致するので，
中点の両座標は整数となり，題意を満たす．■

＊ $\dfrac{(偶数)+(偶数)}{2}=(整数)$，$\dfrac{(奇数)+(奇数)}{2}=(整数)$ である事実を，①のような分類の動機としている．

演習 7-1

多項式 $f(x) = x^3 + ax^2 + bx + c$ (a, b, c は実数) を考える。

(1) $f(-1)$, $f(0)$, $f(1)$ がすべて整数ならば，すべての整数 n に対し，$f(n)$ は整数であることを示せ．

(2) $f(1996)$, $f(1997)$, $f(1998)$ がすべて整数の場合でも同じことがいえることを示せ．

（名古屋大）

● ヒント　(1) 2を法とする剰余類を用いて，「すべての整数」での成立を示そう！
　　　　　(2) $A = 1997$ として，$g(x) = f(A + x)$ で条件を考えよう！

── ▶ 解答 ◀ ──

(1) 与条件より，
$$f(-1) = -1 + a - b + c,\ f(0) = c,\ f(1) = 1 + a + b + c$$
がすべて整数であるから，
$$f(-1) + f(1) = 2a + 2c,\ f(-1) - f(1) = -2 - 2b$$
も整数．よって，c, $2a$, $2b$ は整数．

$x = 2k - 1$, $2k$ (k は整数) として，
$$f(2k-1) = (2k-1)^3 + a(2k-1)^2 + b(2k-1) + c$$
$$= (2k-1)^3 + 2a(2k^2 - 2k) + 2bk + a - b + c$$
$$f(2k) = (2k)^3 + 2a \cdot 2k^2 + 2bk + c$$

において，$2a$, $2b$, c, $a - b + c = f(-1) + 1$ は整数であるから，$f(2k-1)$, $f(2k)$ は整数．

∴ すべての整数 n に対し，$f(n)$ は整数．∎

(2) $g(x) = f(1997 + x)$, $1997 = A$ とおくと，

条件により，$g(-1)$, $g(0)$, $g(1)$ はすべて整数．
$$g(x) = (A + x)^3 + a(A + x)^2 + b(A + x) + c$$
$$= x^3 + (3A + a)x^2 + (3A^2 + 2Aa + b)x + A^3 + A^2 a + Ab + c$$
$$= x^3 + a'x^2 + b'x + c'$$

a', b', c' は実数であるから，

(1)により，すべての自然数 n で $g(n)$ が整数となり，$f(n)$ が整数．∎

演習 7-2

x の2次方程式 $x^2 - mnx + m + n = 0$（ただし，m, n は自然数）で2つの解がともに整数となるものは何個あるか． (早稲田大)

● ヒント　自然数の条件が使えるように，解と係数の関係から式変形を行おう！

解答

2つ整数解を α, β ($\alpha \leq \beta$) とする．
解と係数の関係から
$$\alpha + \beta = mn, \quad \alpha\beta = m + n \quad \cdots ①$$
よって，$\alpha + \beta > 0$, $\alpha\beta > 0$ であるから，α, β も自然数．
①の辺々を引くと
$$\alpha + \beta - \alpha\beta = mn - (m + n)$$
$$\Leftrightarrow \quad (\alpha - 1)(\beta - 1) + (m - 1)(n - 1) = 2 \quad \cdots ②$$
$(\alpha - 1)(\beta - 1) \geq 0$, $(m - 1)(n - 1) \geq 0$ であるから，
②より　$(\alpha - 1)(\beta - 1) = 0, 1, 2$

(ⅰ) $(\alpha - 1)(\beta - 1) = 0$ のとき　$\alpha = 1$,
　　$(m - 1)(n - 1) = 2 \Leftrightarrow (m - 1, n - 1) = (1, 2), (2, 1)$ であるから
　　$(m, n) = (2, 3), (3, 2)$ であり，
　　方程式は　$x^2 - 6x + 5 = 0$　このとき，$\beta = 5$ となるので条件を満たす．

(ⅱ) $(\alpha - 1)(\beta - 1) = 1$ のとき
$$(\alpha - 1, \beta - 1) = (1, 1) \quad \Leftrightarrow \quad (\alpha, \beta) = (2, 2)$$
　　このとき，$m + n = 4$, $mn = 4$ であるから，$(m, n) = (2, 2)$ であり，
　　方程式は　$x^2 - 4x + 4 = 0$

(ⅲ) $(\alpha - 1)(\beta - 1) = 2$ のとき
$$(\alpha - 1, \beta - 1) = (1, 2) \quad \Leftrightarrow \quad (\alpha, \beta) = (2, 3)$$
　　このとき，$m + n = 6$, $mn = 5$ であるから，$(m, n) = (1, 5), (5, 1)$ であり，
　　方程式は　$x^2 - 5x + 6 = 0$

∴　条件を満たす方程式は3個存在する．

演習 7-3

a, b, c を奇数とする．x についての 2 次方程式 $ax^2+bx+c=0$ に関して

(1) 有理数の解 $\dfrac{q}{p}$（既約分数）をもつならば，p と q はともに奇数であることを証明せよ．

(2) 有理数の解をもたないことを(1)を利用して証明せよ． （鹿児島大）

● ヒント　有理数解を $x=\dfrac{q}{p}$ とおいて，$ax^2+bx+c=0$ に代入して考えよう！

—▶ 解答 ◀—

(1) p, q の少なくとも一方が偶数であると仮定する．

$\dfrac{q}{p}$ が既約分数であるから，p, q の一方が偶数で一方が奇数となる．

$x=\dfrac{q}{p}$ が解であるから

$$a\left(\dfrac{q}{p}\right)^2+b\cdot\dfrac{q}{p}+c=0$$
$$\Leftrightarrow\ aq^2+bpq+cp^2=0\ \cdots ①$$

a, b, c はすべて奇数で，p, q の一方だけが偶数であるから，

bpq は偶数で，aq^2 と cp^2 の一方が偶数で一方が奇数．

よって，①の左辺は奇数となるが，右辺は 0（偶数）であるので矛盾．

∴　p と q はともに奇数．■

(2) 有理数の解をもつと仮定して，

その解を $\dfrac{q}{p}$（p は自然数，q は整数，p, q は互いに素）とする．

(1)から，p, q はともに奇数．

a, b, c も奇数であるから，aq^2, bpq, cp^2 はすべて奇数となる．

よって，①の左辺は奇数となるが，右辺は 0（偶数）であるので矛盾．

∴　$ax^2+bx+c=0$ は有理数の解をもたない．■

演習 8-1

Ⅰ すべての自然数 n に対して，$2^{n-1}+3^{3n-2}+7^{n-1}$ …① が 5 の倍数であることを数学的帰納法で証明せよ．

Ⅱ 実数 x, y について，$x+y, xy$ がともに偶数とする．すべての自然数 n に対して x^n+y^n は偶数となることを示せ．

● ヒント　Ⅰ $n=k$ のときの成立を仮定し，$n=k+1$ のときの成立を示そう！

　　　　　Ⅱ $n=k, k+1$ のときの成立を仮定し，$n=k+2$ のときの成立を示そう！

— ▶ 解答 ◀ —

Ⅰ [1] $n=1$ のとき　$2^0+3^1+7^0=5$ であるから，$n=1$ のとき①は成り立つ．

[2] $n=k$ のとき①が成り立つと仮定すると

$2^{k-1}+3^{3k-2}+7^{k-1}=5l$ （l は整数）とおける．

$n=k+1$ のとき，$2^k+3^{3k+1}+7^k = 2\times 2^{k-1}+27\times 3^{3k-2}+7\times 7^{k-1}$

$= 2(5l-3^{3k-2}-7^{k-1})+27\times 3^{3k-2}+7\times 7^{k-1}$

$= 5(2l+5\times 3^{3k-2}+7^{k-1})$

$3k-2\geqq 1$，$k-1\geqq 0$ より，$2l+5\times 3^{3k-2}+7^{k-1}$ は整数であるから，$2^k+3^{3k+1}+7^k$ は 5 の倍数．よって，$n=k+1$ のときにも①は成り立つ．

[1], [2] から，①はすべての自然数 n に対して成り立つ．■

Ⅱ 「x^n+y^n は偶数」を①とする．

[1] $n=1$ のとき $x+y$ は偶数である．

$n=2$ のとき　$x^2+y^2=(x+y)^2-2xy$

$x+y, xy$ は偶数であるから x^2+y^2 も偶数である．

よって，$n=1, 2$ のとき①は成り立つ．

[2] $n=k, k+1$ のとき，①が成り立つと仮定すると，$x^k+y^k, x^{k+1}+y^{k+1}$ は偶数．

$x^{k+2}+y^{k+2}=(x+y)(x^{k+1}+y^{k+1})-xy(x^k+y^k)$

$(x+y)(x^{k+1}+y^{k+1})$，$xy(x^k+y^k)$ はともに偶数であるから，$x^{k+2}+y^{k+2}$ も偶数．よって，$n=k+2$ のときも①は成り立つ．

[1], [2] から，①はすべての自然数 n に対して成り立つ．■

演習 8-2#

すべての自然数 n に対して $5^n + an + b$ が 16 の倍数となるような 16 以下の正の整数 a, b を求めよ。　　　　　　　　　　　（一橋大）

● ヒント　「すべての自然数 n で成立」より，特別な n での成立から必要条件を考えよう！

---▶ 解答 ◀---

$f(n) = 5^n + an + b$

$n = 1$ のとき，$f(1) = 5 + a + b = 16N_1$（N_1 は整数）　…①

$n = 2$ のとき，$f(2) = 25 + 2a + b = 16N_2$（$N_2$ は整数）　…②

が必要．

② − ① より，$20 + a = 16(N_2 - N_1)$

　　$1 \leq a \leq 16$ より，$a = 12$

① に代入して，$17 + b = 16N_1$

　　$1 \leq b \leq 16$ より，$b = 15$

逆に，$a = 12$，$b = 15$ のとき，

$f(n) = 5^n + 12n + 15$ がすべての整数で，16 の倍数であることを数学的帰納法で示す．

[1]　$n = 1$ のとき，$f(1) = 32$　より成立．

[2]　$n = k$ のとき，$f(k)$ が 16 の倍数であることを仮定する．

$f(k) = 5^k + 12k + 15 = 16N_k$　（N_k は整数）

$n = k + 1$ のとき，

$$\begin{aligned}
f(k+1) &= 5^{k+1} + 12(k+1) + 15 \\
&= 5(5^k + 12k + 15) - 48k - 48 \\
&= 5 \cdot 16N_k - 16(3k + 3) \\
&= 16(5N_k - 3k - 3) = 16N_{k+1} \quad (N_{k+1} \text{ は整数})
\end{aligned}$$

となり，16 の倍数となる．

∴　$a = 12$，$b = 15$

---

*　後半は 5^n，$12n$ の mod 4 での周期から示してもよい．

演習 8-3#

数列 a_n, b_n が $\begin{cases} a_{n+1} = a_n + b_n \\ b_{n+1} = a_n \end{cases}$, $a_1 = b_1 = 1$ を満たすとき，次の問に答えよ．

(1) a_n, b_n はともに正の整数であることを証明せよ．

(2) 互いに素であることを証明せよ．

● ヒント (1) 数学的帰納法を利用して「ともに正の整数であること」を証明しよう！

(2) 最大公約数を g として，降下法を用いて，$g = 1$ であることを証明しよう！

── ▶ 解答 ◀ ──

(1) a_n, b_n がともに正の整数であることを数学的帰納法で証明する．

[1] $n = 1$ のとき $a_1 = b_1 = 1$ であるから成り立つ．

[2] $n = k$ のとき a_k, b_k がともに正の整数と仮定する．

条件から $a_{k+1} = a_k + b_k$, $b_{k+1} = a_k$

よって，a_{k+1}, b_{k+1} はともに正の整数．

[1]，[2]から，すべての自然数 n について，a_n, b_n は正の整数． ■

(2) $n \geq 2$ のとき a_n と b_n の最大公約数を g とする．

$a_{n-1} = b_n$ は g で割り切れる．

よって，$b_{n-1} = a_n - a_{n-1}$ も g で割り切れる．

これを繰り返すと，a_1, b_1 はいずれも g で割り切れることがわかる．

これと $a_1 = b_1 = 1$ から $g = 1$．

よって，a_n と b_n は互いに素． ■

＊ 原題では，「x^{n+1} を $x^2 - x + 1$ でわった余りを $a_n x + b_n$ とおく」という条件から連立漸化式を導くことも問われている．

演習 9-1

3辺の長さがそれぞれ2ケタの整数である直角三角形がある．いま斜辺の長さは他の1辺の長さの一の位の数字と十の位の数字を入れ替えた数であるとする．このとき，この三角形の3辺の長さを求めよ．　（福井大）

● ヒント　斜辺を $10a+b$，他の辺を $10b+a$，c として三平方の定理を考えよう！

---▶ 解答 ◀---

斜辺を $10a+b$，他の2辺を $10b+a$，c とする．

　　　(a，b，c は整数，$1 \leq b < a \leq 9$，$10 \leq c \leq 99$)　…①

三平方の定理より，

$$(10a+b)^2 = (10b+a)^2 + c^2$$
$$\Leftrightarrow \quad 99a^2 - 99b^2 = c^2$$
$$\Leftrightarrow \quad 3^3 \cdot 11(a-b)(a+b) = c^2$$

c は3と11を素因数に持つ2ケタの数なので，
$c = 33$，66，99 のいずれか．

（ⅰ）$c = 33$ のとき，

$$(a-b)(a+b) = 11$$

よって，$(a-b, a+b) = (1, 11)$　∴　$(a, b) = (6, 5)$

（ⅱ）$c = 66$ のとき，

$$(a-b)(a+b) = 44$$

よって，$(a-b, a+b) = (2, 22)$　これは①を満たさないので不適．

（ⅲ）$c = 99$ のとき，

$$(a-b)(a+b) = 99$$

よって，$(a-b, a+b) = (1, 99)$，$(3, 33)$，$(9, 11)$　これらは①を満たさないので不適．

（ⅰ）〜（ⅲ）より，3辺は，65，56，33．

演習 9-2

Ⅰ 三角形 ABC において，∠B = 60°，∠B の対辺の長さ b は整数，他の 2 辺の長さ a, c はいずれも素数である．このとき三角形 ABC は正三角形であることを示せ． (京都大)

Ⅱ 直角三角形の 3 辺の長さがすべて整数であるとき，面積は 6 の倍数となることを示せ． (一橋大)

● ヒント　Ⅰ　与えられた条件から余弦定理を考えよう！

　　　　　Ⅱ　3 辺を a, b, c として，三平方の定理 $a^2 + b^2 = c^2$ から考えよう！

—▶ 解答 ◀—

Ⅰ　$2 \leq a \leq c$ として一般性を失わない．

余弦定理より，

$$b^2 = a^2 + c^2 - 2ac \cos 60°$$
$$= a^2 + c^2 - ac = (a-c)^2 + ac$$
$$\Leftrightarrow \quad b^2 - (a-c)^2 = ac \quad \Leftrightarrow \quad (b-a+c)(b+a-c) = ac$$

（ⅰ）$b + a - c = 1 \quad \Leftrightarrow \quad b = c - a + 1$ のとき

$$(c - a + 1)^2 = a^2 + c^2 - ac$$
$$\Leftrightarrow \quad ac + 2a - 2c - 1 = 0 \quad \Leftrightarrow \quad (a-2)(c+2) = -3$$

これをみたす素数 a, c は存在しない．

（ⅱ）$b + a - c = a \quad \Leftrightarrow \quad b = c$ のとき

$$c^2 = a^2 + c^2 - ac$$
$$\Leftrightarrow \quad a^2 - ac = 0 \quad \Leftrightarrow \quad a(a-c) = 0 \quad \Leftrightarrow \quad c - a = 0$$

∴　$a = b = c$　■

Ⅱ　直角三角形の斜辺を c，他の 2 辺を a, b とすると，
三平方の定理より，$a^2 + b^2 = c^2$．

例題 5-3 (1)(2) と同様の証明方法で，
「a と b の一方は 3 の倍数」「a と b の一方は 4 の倍数」が示せる．
よって，ab は 12 の倍数．
面積 S は $S = \dfrac{1}{2} ab$ と表されるので，S は 6 の倍数．　■

演習 9-3

m と n を $m \geq n$ を満たす正の整数とする．3辺の長さがそれぞれ $m+1$, m, n であり，それらの和が100以下であるような直角三角形は，全部で何個あるか．また，そのうち面積が最も大きいものの斜辺の長さを求めよ．

（上智大）

● ヒント　辺の大小に注意して，直角三角形という条件から三平方の定理を考えよう！

―▶ 解答 ◀―

$m+1$, m, n は直角三角形の3辺の長さであり，$m \geq n$ より $m+1 > m \geq n$ であるから

$$(m+1)^2 = m^2 + n^2$$
$$\Leftrightarrow \quad 2m+1 = n^2 \quad \cdots ①$$

3辺の長さの和が100以下であるから

$$(m+1) + m + n \leq 100$$
$$\Leftrightarrow \quad (2m+1) + n \leq 100 \quad \cdots ②$$

①，②から　$n(n+1) \leq 100$　∴　$1 \leq n \leq 9$

また，①より n^2 は奇数で，$2m+1 \geq 3$ であるから n は奇数で，3以上9以下の奇数．

∴　直角三角形は全部で4個．

面積は，$\dfrac{1}{2}mn = \dfrac{1}{2} \cdot \dfrac{n^2-1}{2} \cdot n = \dfrac{1}{4}n(n^2-1)$

であるから，$n=9$ のとき最大．

このときの斜辺の長さは①より，

$$m+1 = \dfrac{n^2-1}{2} + 1 = 41$$

演習 10-1

m, n は0以上の整数とする.n 以下の素数の個数を $f(n)$ とかく.定義より $f(0)=f(1)=0$ であり,
$f(20)=$ ア□ である.$f(n)$ が m 以上であるような n の最小値を $g(m)$ とかく.このとき,$g(0)=$ イ□,$g(1)=$ ウ□,$g(10)=$ エ□ である.

（慶応義塾大）

● ヒント　素数を順に書き出して,条件にしたがって求めていこう！

――▶解答◀――

20以下の素数は　　2, 3, 5, 7, 11, 13, 17, 19

∴　$f(20)=$ ア8

n 以下の素数の個数が0以上であるような n は　$n \geq 0$

∴　n の最小値は $n=0$ であるから　$g(0)=$ イ0

n 以下の素数の個数が1以上であるような n は　$n \geq 2$

∴　n の最小値は $n=2$ であるから　$g(1)=$ ウ2

n 以下の素数の個数が10である素数は29である.

よって,n 以下の素数の個数が10以上であるような n は　$n \geq 29$

∴　$g(10)=$ エ29

演習 10-2

3で割ると2余り，5で割ると3余り，11で割ると9余る正の整数のうちで，1000を超えない最大のものを求めよ。　　　　　　　　　（早稲田大）

● ヒント　題意のような数は，中国剰余定理より1～165に必ずただ1つ存在することを利用しよう！

──▶ 解答 ◀──────────────────

条件をみたす整数をnとすると，
$$n = 3a + 2 \quad \cdots ①$$
$$n = 5b + 3 \quad \cdots ②$$
$$n = 11c + 9 \quad \cdots ③$$

①②より
$\quad 3a + 2 = 5b + 3 \quad \Leftrightarrow \quad 3(a-2) = 5(b-1) \quad \therefore \quad a = 5k + 2$（$k$は整数）

①に代入すると　$n = 15k + 8 \quad \cdots ④$

①③より
$\quad 3a + 2 = 11c + 9 \quad \Leftrightarrow \quad 3(a-6) = 11(c-1) \quad \therefore \quad a = 11l + 6$（$l$は整数）

①に代入すると　$n = 33l + 20 \quad \cdots ⑤$

④⑤より
$$15k + 8 = 33l + 20$$
$$\Leftrightarrow \quad 15(k-3) = 33(l-1) \quad \Leftrightarrow \quad 5(k-3) = 11(l-1)$$
$$\therefore \quad k = 11m + 3 \ (m\text{は整数})$$

④に代入すると　$n = 165m + 53$（mは整数）

このように表される正の整数のうち，1000を超えない最大のものは**878**．

演習 10-3

素数 p と $1 \leq r \leq p-1$ なる整数 r に対して，二項係数 ${}_pC_r$ は p の倍数であることを利用して，n が正の整数のとき，$n^p - n$ が p で割りきれることを示せ．

● ヒント　「${}_pC_r$ は p の倍数であること」を用いて，数学的帰納法によって証明しよう！

── ▶ 解答 ◀ ──

$f(n) = n^p - n$ とおく．「$f(n) = n^p - n$ は p の倍数である」を①とする．

n に関する数学的帰納法で証明する．

[1]　$n = 1$ のとき
$$f(1) = 1^p - 1 = 0 \quad \text{よって，①は成り立つ．}$$

[2]　$n = k$ のときの成立を仮定すると，
$$f(k) = k^p - k = pN \quad (N \text{は整数})$$

$n = k + 1$ のとき，
$$\begin{aligned}
f(k+1) &= (k+1)^p - (k+1) \\
&= (k^p + {}_pC_1 k^{p-1} + {}_pC_2 k^{p-2} + \cdots + {}_pC_{p-1} k + 1) - (k+1) \\
&= (k^p - k) + ({}_pC_1 k^{p-1} + {}_pC_2 k^{p-2} + \cdots + {}_pC_{p-1} k) \\
&= pN + ({}_pC_1 k^{p-1} + {}_pC_2 k^{p-2} + \cdots + {}_pC_{p-1} k) \quad \cdots ②
\end{aligned}$$

ここで，二項係数 ${}_pC_r$ は p の倍数であるので，②の右辺は p の倍数．

[1]，[2]から，n が正の整数のとき，$n^p - n$ が p で割りきれる．

発展演習 1

自然数 a, b, c が $3a = b^3$, $5a = c^2$ を満たし，d^6 が a を割り切るような自然数 d は $d = 1$ に限るとする．

(1) a は 3 と 5 で割り切れることを示せ．
(2) a の素因数は 3 と 5 以外にないことを示せ．
(3) a を求めよ．

(東京工業大)

● ヒント　(1) 降下法を用いて考えよう！
　　　　　(2) 3 と 5 以外の素因数 p をもつと仮定して，降下法を用いて矛盾を導こう！
　　　　　(3) $a = 3^x \times 5^y$ の形から，指数に関する条件を考えていこう！

── ▶ 解答 ◀ ──

(1) $3a = b^3$ より，b^3 は 3 の倍数であるから，b は 3 の倍数．
$b = 3b'$ (b' は自然数) とおくと
$$3a = (3b')^3 \Leftrightarrow a = 9b'^3 \quad \therefore \quad a \text{ は 3 の倍数.}$$
同様に，$5a = c^2$ より a は 5 の倍数．以上から，a は 3 と 5 で割り切れる．

(2) a が 3 と 5 以外の素因数 p をもつと仮定すると，$a = p^l a'$ と表される．
$b^3 = 3a = 3p^l a'$ であるから，b^3 は p の倍数であり，b は p の倍数．
$b = p^m b'$ と表される．　$\therefore \quad 3a = b^3 = p^{3m}(b')^3$
$c^2 = 5a = 5p^l a'$ であるから，c^2 は p の倍数であり，c は p の倍数．
$c = p^n c'$ と表される．　$\therefore \quad 5a = c^2 = p^{2n}(c')^2$
p は 3 と 5 以外の素数であるから，a は p^{3m} の倍数かつ p^{2n} の倍数である．
よって，a は p^{6N} (N は自然数) の倍数．
これは，「d^6 が a を割り切るような自然数 d は $d = 1$ に限る」という条件に反する．　$\therefore \quad a$ の素因数は 3 と 5 以外にない．

(3) (2)から，$a = 3^x \times 5^y$ (x, y は自然数) とおける．
d^6 が a を割り切るのは $d = 1$ に限るから，$1 \leq x \leq 5$, $1 \leq y \leq 5$.
$b^3 = 3a = 3^{x+1} \times 5^y$ であるから，$x+1$, y はともに 3 の倍数．
$\therefore \quad (x+1, y) = (3, 3), (6, 3) \Leftrightarrow (x, y) = (2, 3), (5, 3)$
$c^2 = 5a = 3^x \times 5^{y+1}$ であるから，x, $y+1$ はともに偶数．
$\therefore \quad (x, y) = (2, 3)$　よって，$a = 3^2 \times 5^3 = 1125$.

発展演習 2

3以上9999以下の奇数 a で，a^2-a が10000で割り切れるものをすべて求めよ． （東京大）

● ヒント　積の形から，素因数を振り分けるときに，絞込みを慎重に考えよう！

──▶ 解答 ◀──────────────────

条件より，$a(a-1) = 10000N$ （N は自然数） …①　とおける．
$$① \Leftrightarrow a(a-1) = 2^4 \cdot 5^4 \cdot N \quad \cdots ②$$

ここで，a, $a-1$ は互いに素なので，2数は共通の素因数を持たない．
また，a は奇数なので，②の右辺の素因数のうち，2 は全て $a-1$ の素因数に含まれる．

よって，$a-1 = 16b$ （b は自然数，$1 \leq b \leq 624$）とおける．　…③

また，$a \leq 9999$ より，①式の右辺の素因数 5 は全て a に含まれる．
よって，$a = 625c$ （c は自然数，$1 \leq c \leq 15$）とおける．　…④
$$a = 625c = 16b + 1 \quad \therefore \quad 625c - 16b = 1 \quad \cdots ⑤$$
$$⑤ \Leftrightarrow 625(c-1) = 16(b-39)$$
$\therefore (b, c) = (625k + 39, 16k + 1)$ （k は整数）
$1 \leq b \leq 624$ より，$k = 1$
$\therefore a = 625$

発展演習 3

k, x, y は自然数とする．三角形の3辺の長さが $\dfrac{k}{x}$, $\dfrac{k}{y}$, $\dfrac{1}{xy}$ で，周の長さが $\dfrac{25}{16}$ である．k, x, y を求めよ． （一橋大）

● ヒント　三辺の和の条件に加えて，三角形の成立条件を考えていこう！

──▶ 解答 ◀──

三角形の成立条件より，

$$\left|\dfrac{k}{x}-\dfrac{k}{y}\right|<\dfrac{1}{xy}<\dfrac{k}{x}+\dfrac{k}{y} \quad \cdots ①$$

k, x, y は正の整数であるから，①の辺々に xy をかけて，

$$k|x-y|<1<k(x+y)$$

ここで，$k|x-y|$ は0以上の整数であるから

$$k|x-y|=0$$

∴　$x=y$

①に代入すると，

$$\dfrac{2k}{x}+\dfrac{1}{x^2}=\dfrac{25}{16}$$

$$\Leftrightarrow \quad 32kx+16=25x^2$$

$$\Leftrightarrow \quad x(25x-32k)=16 \cdots ②$$

x は正の整数，$25x-32k$ は整数であるから，右表より

$(x, 25x-32k)=(1, 16), (2, 8), (4, 4), (8, 2), (16, 1)$

x	$25x-32k$
1	16
2	8
4	4
8	2
16	1

$x=1$ のとき　$25-32k=16$　k は整数にならない．

$x=2$ のとき　$50-32k=8$　k は整数にならない．

$x=4$ のとき　$100-32k=4$　$\Leftrightarrow$　$k=3$

$x=8$ のとき　$200-32k=2$　k は整数にならない．

$x=16$ のとき　$400-32k=1$　k は整数にならない．

また，$x=4$, $y=4$, $k=3$ のとき，①を満たす．

∴　$k=3$, $x=4$, $y=4$

発展演習 4

$_{2015}C_k$ が偶数となる最小の k を求めよ． （東京大）

● ヒント　$k=1, 2, 3\cdots$ と代入していって，性質を見つけてから考えていこう！

▶解答◀

$$_{2015}C_m = \frac{2015 \times 2014 \times \cdots \times (2016-m)}{m!}$$
$$= \frac{2016-1}{1} \cdot \frac{2016-2}{2} \cdot \cdots \cdot \frac{2016-m}{m} \quad \cdots ①$$

ここで，

$$k = 2^a \cdot b \quad (a は 0 以上の整数，b は奇数) \quad \cdots ②$$

とすると，

$k \leq 31$ においては $a \leq 4$ であるから，

$2016 - k = 2^5 \cdot 63 - 2^a \cdot b = 2^a(2^{5-a} \cdot 63 - b)$ と表され，

$$\frac{2016-k}{k} = \frac{2^a \cdot (2^{5-a} \cdot 63 - b)}{2^a \cdot b} = \frac{2^{5-a} \cdot 63 - b}{b}$$

は分母分子共に奇数となるため，$_{2015}C_k$ は奇数．

以上から $_{2015}C_1, _{2015}C_2, \cdots, _{2015}C_{31}$ はすべて奇数．

一方，

$$_{2015}C_{32} = \frac{2016-1}{1} \cdot \frac{2016-2}{2} \cdot \cdots \cdot \frac{1985}{31} \cdot \frac{1984}{32}$$
$$= (奇数) \cdot (奇数) \cdot \cdots \cdot (奇数) \cdot 62 = (偶数)$$

となるので，

$_{2015}C_m$ が偶数となる最小の m は 32 である．

発展演習 5

自然数 a, b, c, d が $a^2+b^2+c^2=d^2$ を満たしている．

(1) d が 3 で割り切れるならば，a, b, c はすべて 3 で割り切れるか，a, b, c のどれも 3 で割り切れないかのどちらかであることを示せ．

(2) a, b, c のうち偶数が少なくとも 2 つあることを示せ．（横浜国大）

● ヒント　平方剰余をあてはめて考えていこう！

—▶ 解答 ◀—

(1) d が 3 で割り切れるならば，$d^2 \equiv 0 \pmod{3}$.

3 を法とした平方剰余を
$$a^2+b^2+c^2 \equiv d^2 \pmod{3}$$
にあてはめると，右下表のようになる．

mod 3

n	0	1	2
n^2	0	1	1

(ⅰ) $(a^2, b^2, c^2) \equiv (0, 0, 0)$ のとき，

右上表より，a, b, c はすべて 3 で割り切れる．

$a^2+b^2+c^2 \equiv d^2 \pmod{3}$

0	0	0	0
1	1	1	0

(ⅱ) $(a^2, b^2, c^2) \equiv (1, 1, 1)$ のとき，

右上表より，a, b, c はどれも 3 で割り切れない．

(ⅰ)(ⅱ)より題意は示された．■

(2) 右上表より，4 を法とした平方剰余は 0 or 1
$$a^2+b^2+c^2 \equiv d^2 \pmod{4}$$
にあてはめると，右下表のようになる．

mod 4

n	0	1	2	3
n^2	0	1	0	1

(ⅰ) $(a^2, b^2, c^2) \equiv (0, 0, 0)$ のとき，

右上表より，a, b, c はすべて偶数．

(ⅱ) $(a^2, b^2, c^2) \equiv (0, 0, 1), (0, 1, 0), (1, 0, 0)$ のとき，

右上表より，a, b, c のうち 2 つは偶数．

$a^2+b^2+c^2 \equiv d^2 \pmod{4}$

0	0	0	0
0	0	1	1
0	1	0	1
1	0	0	1

(ⅰ)(ⅱ)より題意は示された．■

発展演習 6

4個の整数 $n+1$, n^3+3, n^5+5, n^7+7 がすべて素数となるような正の整数 n は存在しない．これを証明せよ． （大阪大）

● **ヒント** $n=1, 2, \cdots$ と考えてみて，素数とならない原因を推定してから考えよう！

― ▶ 解答 ◀ ―

（ i ） $n \equiv 0 \pmod 3$ のとき，

$n+1 \equiv 1 \pmod 3$, $n^3+3 \equiv 0 \pmod 3$, $n^5+5 \equiv -1 \pmod 3$, $n^7+7 \equiv 1 \pmod 3$

（ ii ） $n \equiv 1 \pmod 3$ のとき，

$n+1 \equiv -1 \pmod 3$, $n^3+3 \equiv 1 \pmod 3$, $n^5+5 \equiv 0 \pmod 3$, $n^7+7 \equiv -1 \pmod 3$

（iii） $n \equiv -1 \pmod 3$ のとき，

$n+1 \equiv 0 \pmod 3$, $n^3+3 \equiv -1 \pmod 3$, $n^5+5 \equiv 1 \pmod 3$, $n^7+7 \equiv 0 \pmod 3$

（ i ）～（iii）より，すべての自然数 n で，

$n+1$, n^3+3, n^5+5, n^7+7 のいずれかが 3 の倍数．

3 の倍数のうち 3 だけは素数であるが，

$n+1=3$ のとき，$n^7+7=135=3^3 \cdot 5$ となり，n^7+7 が合成数となる．

よって，4個の整数 $n+1$, n^3+3, n^5+5, n^7+7 がすべて素数となるような正の整数 n は存在しない． ■

発展演習 7

n は 2 以上の自然数, p は素数, $a_0, a_1, \cdots\cdots, a_{n-1}$ は整数とし, n 次式
$f(x) = x^n + pa_{n-1}x^{n-1} + \cdots\cdots + pa_i x^i + \cdots\cdots + pa_0$ を考える.

(1) 方程式 $f(x) = 0$ が整数解 α をもてば, α は p で割り切れることを示せ.

(2) a_0 が p で割り切れなければ, 方程式 $f(x) = 0$ は整数解をもたないことを示せ.
(京都大)

● **ヒント** 整数解 α を $f(x)$ に代入した式を, 題意を示しやすいように変形しよう！

解答

(1) $f(\alpha) = 0$ から
$$\alpha^n + pa_{n-1}\alpha^{n-1} + \cdots\cdots + pa_0 = 0$$
$$\Leftrightarrow \alpha^n = p(-a_{n-1}\alpha^{n-1} - \cdots\cdots - a_0) \quad \cdots ①$$

∴ α^n は p の倍数.

p は素数であるから, α は p の倍数.

よって, α は p で割り切れる. ■

(2) 対偶である

「方程式 $f(x) = 0$ は整数解をもつとき, a_0 が p で割り切れる」
を示す.

$f(x) = 0$ が整数解 α をもつとすると, (1) より, α は p の倍数.
$$\alpha^n + pa_{n-1}\alpha^{n-1} + \cdots\cdots + pa_0 = 0$$
$$\Leftrightarrow a_0 p = -\alpha^n - pa_{n-1}\alpha^{n-1} - \cdots\cdots - pa_1\alpha \quad \cdots ②$$

$n \geq 2$ であるから右辺は p^2 の倍数である.

よって, a_0 は p で割り切れる.

以上より, a_0 が p で割り切れなければ, 方程式 $f(x) = 0$ は整数解をもたない. ■

---

* 各問題の示したいことを意識して, ①②のように変形することが大きなポイントとなる.

発展演習 8#

自然数 n に対し，$\dfrac{10^n-1}{9} = \overbrace{111\cdots111}^{n個}$ を $\boxed{n}$ で表す．m を 0 以上の整数とするとき，$\boxed{3^m}$ は 3^m で割り切れるが，3^{m+1} では割り切れないことを示せ． (東京大)

● ヒント　0 以上の整数 m に関する数学的帰納法で，題意の証明を構成しよう！

──▶解答◀──

与えられた命題を①として，数学的帰納法で証明する．

[1]　$m=0$ のとき

$\boxed{3^0} = \boxed{1} = 1$ は $3^0 = 1$ で割り切れるが，$3^1 = 3$ では割り切れない．

よって，$m=0$ のとき①は成り立つ．

[2]　$m=k$ のとき①が成り立つと仮定する．

このとき，$\boxed{3^k}$ は 3^k で割り切れるが，3^{k+1} では割り切れない．　…②

$m=k+1$ のとき，

$$\boxed{3^{k+1}} = 11\cdots 1 = \overbrace{11\cdots 1}^{3^k個}\overbrace{11\cdots 1}^{3^k個}\overbrace{11\cdots 1}^{3^k個} = 10^{2\times 3^k}\boxed{3^k} + 10^{3^k}\boxed{3^k} + \boxed{3^k}$$
$$= (10^{2\times 3^k} + 10^{3^k} + 1) \times \boxed{3^k} \quad \cdots ③$$

③において，

$$10^{2\times 3^k} + 10^{3^k} + 1 \equiv 1^{2\times 3^k} + 1^{3^k} + 1 \equiv 3 \equiv 0 \pmod{3}$$
$$10^{2\times 3^k} + 10^{3^k} + 1 \equiv 1^{2\times 3^k} + 1^{3^k} + 1 \equiv 3 \pmod{9}$$

よって，②③より　$\boxed{3^{k+1}}$ は 3^{k+1} で割り切れるが，3^{k+2} では割り切れない．

∴　$m=k+1$ のときにも①は成り立つ．

[1]，[2]により，①は 0 以上の整数 m に対して成り立つ．■

発展演習 9

平面座標上の各格子点を中心として半径 r の円が描かれており、傾き $\dfrac{2}{5}$ の任意の直線はこれらの円のどれかと共有点をもつという。このような性質をもつ実数 r の最小値を求めよ。　　　　　　（東京大）

● ヒント　直線を $l: 2x - 5y - u = 0$ とおいて,「任意の u で円と共有点をもつ」条件を考えよう！

解答

傾き $\dfrac{2}{5}$ の直線 $l: 2x - 5y - u = 0$ と格子点との最短距離 d は，最も近い格子点を (m, n) として，

$$d = \frac{|2m - 5n - u|}{\sqrt{29}} \quad \cdots ①$$

題意の条件をみたすには，
u を変化させたときの d の最大値以上に r がなればよい.
$2m - 5n = 1$ は特殊解 $(3, 1)$ をもつことより，$2m - 5n$ は任意の整数値をとることができる.
また，ここで，$u = p + q$（p は整数，$0 \leq q < 1$）とおくと，
①の分子 $|2m - 5n - u|$ は，$\min\{q, 1-q\}$ となる.

よって，u すなわち q を変化させたとき d が最大となるのは，$q = \dfrac{1}{2}$ のときであり，

そのとき $_{\max}d = \dfrac{1}{2\sqrt{29}} = \dfrac{\sqrt{29}}{58}$.

題意の条件は，$r \geq {}_{\max}d$ であるから，求める r の最小値は $\dfrac{\sqrt{29}}{58}$

発展演習 10

※問題は，本冊 111 ページご参照のこと．

● ヒント　誘導にしたがって，フェルマーの小定理を証明していこう！

── ▶ 解答 ◀ ──

(ア) $6 \times k$ ($k = 0, 1, 2, 3, 4$) を 11 で割った余りが 2 になるのは，$k = 4$ のとき．∴ ᵃ(4)　$M_{11}(6 \times 4) = 2$

(イ)(ウ) 演算 ○ は交換法則 $x \bigcirc y = y \bigcirc x$ や結合法則 $x \bigcirc (y \bigcirc z) = (x \bigcirc y) \bigcirc z$ を満たす．　ᶦ(32)　ᵘ(34)

(エ)〜(セ) フェルマーの小定理を証明するには，$M_p(a^{p-1}) = 1$ (ᵋ(7), ᵒ(1)) を示せばよい．（以下，M_p の添字 p は省略）

$M(ax) = M(ay)$ ならば ax，ay を p で割った余りは等しいから，$a(x - y)$ は p の倍数．(ᵏ(18), ᵏ(26))

a と p は互いに素で，$-(p-2) \leq x - y \leq p - 2$ であるから $a(x - y) = 0$
よって，$x = y$ でなければならない．

この対偶を考えれば，$x \neq y$ ならば $M(ax) \neq M(ay)$ である．(ᵏ(22), ᵏ(14), ᶜ(20))
このことから

$$M(1a),\ M(2a),\ \cdots\cdots,\ M((p-1)a)\ \cdots ①$$

は異なった自然数である．

① は $1a, 2a, \cdots\cdots, (p-1)a$ を p で割った余りであるから，

$$1,\ 2,\ \cdots\cdots,\ p-1$$

のどれかが重複することなく 1 つずつ対応する．

よって

$$M(1a) \bigcirc M(2a) \bigcirc \cdots\cdots \bigcirc M((p-1)a) = 1 \bigcirc 2 \bigcirc \cdots\cdots \bigcirc (p-1)\ (ᵗ(19))$$

一方，M の性質を使えば

$$M(1a) \bigcirc M(2a) \bigcirc \cdots\cdots \bigcirc M((p-1)a) = (1 \bigcirc a) \bigcirc (2 \bigcirc a) \bigcirc \cdots\cdots \bigcirc ((p-1) \bigcirc a)$$
$$= (a \bigcirc a \bigcirc \cdots\cdots \bigcirc a) \bigcirc 1 \bigcirc 2 \bigcirc \cdots\cdots \bigcirc (p-1)$$
$$= M(a^{p-1}) \bigcirc 1 \bigcirc 2 \bigcirc \cdots\cdots \bigcirc (p-1)\ (ˢ(7), ˢ(19))$$

∴ $M(a^{p-1}) \bigcirc 1 \bigcirc 2 \bigcirc \cdots\cdots \bigcirc (p-1) = 1 \bigcirc 2 \bigcirc \cdots\cdots \bigcirc (p-1)$

$x \bigcirc y = y$ のとき $x = 1$ となることに注意すれば，$M_p(a^{p-1}) = 1$ を得る．(ˢᵉ(1))